L'ENCYCLO
MANGA

Le corps humain

Traduit du coréen par **Hui-Yeon KIM**

Conseiller scientifique pour la version française :
Docteur Françoise RASTOIN-FAUGERON

M6 EDITIONS

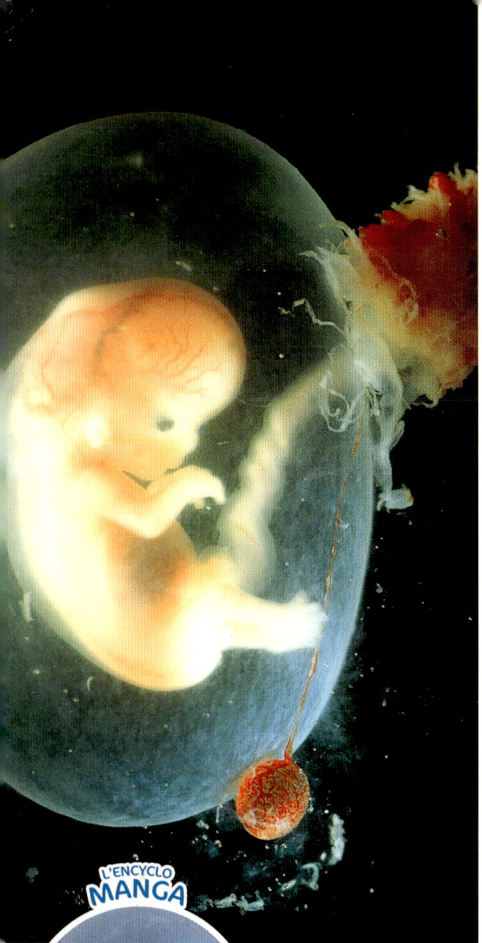

L'ENCYCLO MANGA

Le corps humain

Édition originale **WHY? The Human Body**

Supervisé par Park, Yong-Ha
Écrit par Heo, Soon-Bong
Dessiné par Song, Hoe-Suk

E=M6 ®
89, avenue Charles-de-Gaulle
92575 Neuilly-sur-Seine Cedex

ISBN : 978-2-915127-7-75

Crédits photographiques :
couverture : © fotolia/Spectral-Design
pages 117 et 150 : ©DR

Loi n°49-956 du 16 juillet 1949
sur les publications destinées à la jeunesse.

Préface

Le corps humain

Est-ce que tu connais bien ton corps ?
Bien sûr, tu connais tes bras, tes jambes et le reste. Mais sais-tu ce qui se passe à l'intérieur ? Chaque fois que tu cours, que tu manges, ou même que tu respires, c'est toute une mécanique qui se met en place !

Le squelette humain se compose de plus de 200 os. On peut en compter 27 rien que dans une main.
Il y a aussi les muscles. Savais-tu qu'on pouvait en dénombrer plus de 600 ?
Le cœur, par exemple, pompe chaque jour entre 8 000 et 15 000 litres de sang en à peu près 100 000 battements cardiaques.
Et puis, il y a les poils, les nerfs, et toutes les sensations qui en découlent.

Max et **Léa** ne se doutaient pas de l'incroyable machine qu'est le corps humain ni de tous les organes qui ont un rôle à jouer pour en assurer le bon fonctionnement ! Tu vas découvrir avec eux tous les secrets de l'anatomie en t'amusant !

Alors, installe-toi bien confortablement et laisse-toi guider dans cette grande aventure avec **Max**, **Léa**, **Doggy** et le **docteur Saitout**, un monde microscopique et merveilleux t'attend !

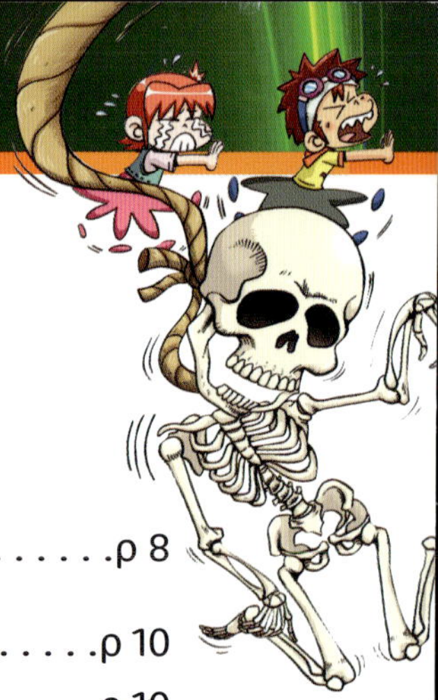

Sommaire

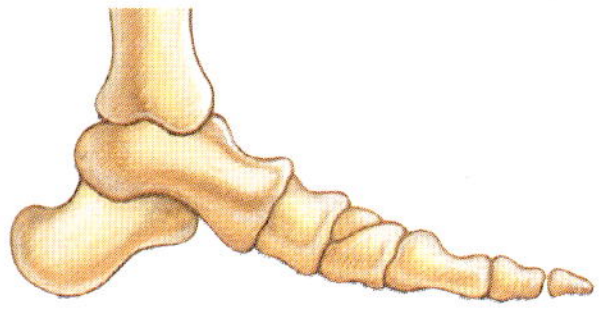

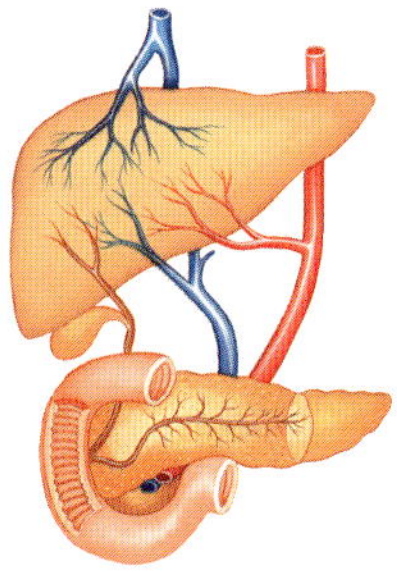

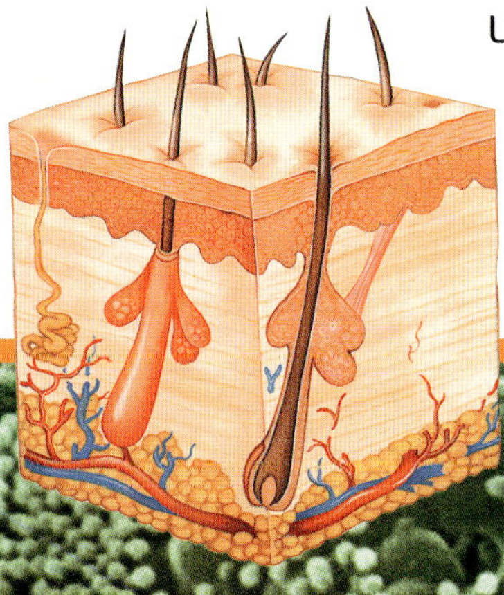

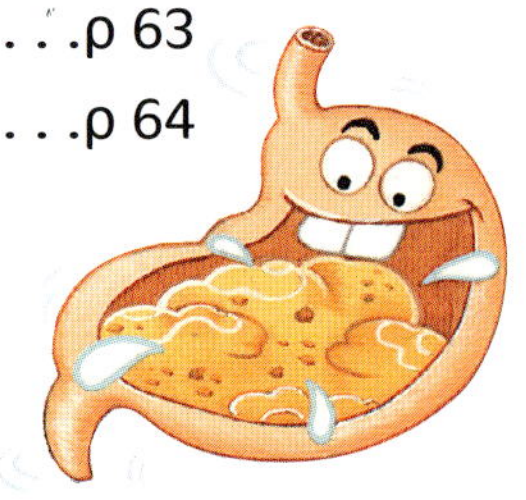

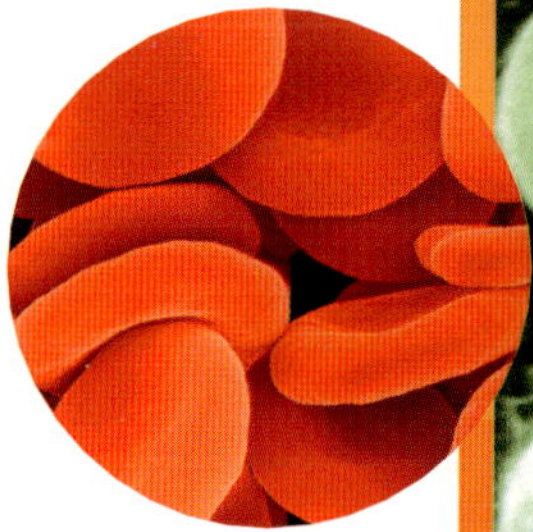

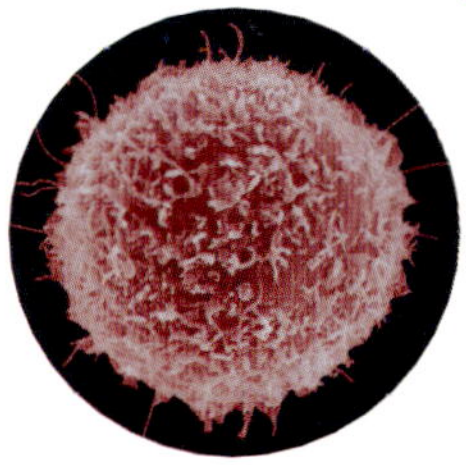
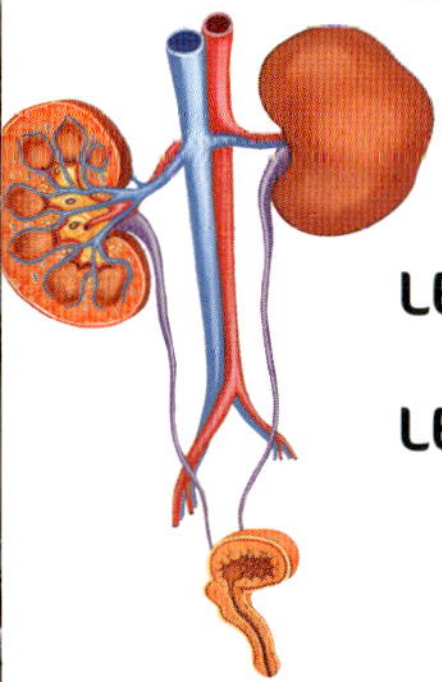
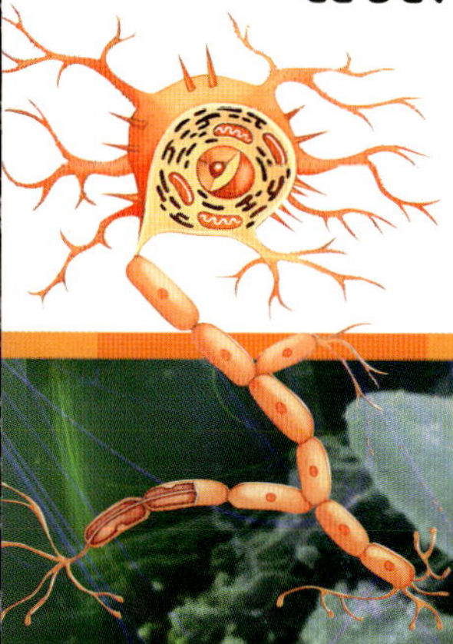
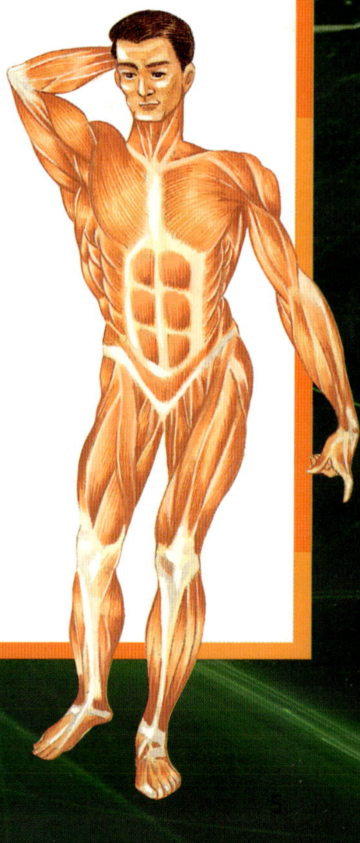

L'ENCYCLO
MANGA

e=m6

PERSONNAGES

Dr Saitout

C'est un robot instructeur qui peut projeter des images. Il a été inventé par le Dr Tchon (le père de Léa) pour qu'il aide sa fille dans ses études.

Doggy

C'est l'assistant du Dr Saitout. Ce robot a la forme d'un chien et agit comme un vrai toutou. Il peut se transformer en ce qu'il veut.

Léa

Cette petite fille mignonne et intelligente se prend parfois pour une princesse. Elle se dispute souvent avec son ami Max, mais au fond, ils s'apprécient beaucoup.

Max

C'est un garçon espiègle et très curieux qui aime faire des blagues et qui fait souvent des bêtises, mais il est adorable.

LES DEVOIRS

VOICI LES DEVOIRS POUR LES VACANCES D'ÉTÉ : VOUS DEVREZ ÉTUDIER TOUS LES SECRETS DU CORPS HUMAIN.
LES SECRETS DU CORPS HUMAIN ?
MAIS, ÇA VA NOUS PRENDRE TOUTES LES VACANCES !
COMMENT PENSES-TU FAIRE CE DEVOIR, LÉA ?
EH BIEN, JE DEMANDERAI À MON PÈRE !
TU SAIS QUE TU ES MA MEILLEURE AMIE !
QU'EST-CE QUI TE PREND ? LÂCHE-MOI !
PAPA, JE SUIS DE RETOUR !
BONJOUR, VOUS DEUX. ÇA VA ?
BONJOUR, MONSIEUR !

LES ENFANTS, JE VOUS PRÉSENTE DR SAITOUT ET DOGGY.
SALUT !
D'OÙ ILS SORTENT, CES ENGINS BIZARRES ?
?
COMME JE SAVAIS QUE TU ALLAIS ME DEMANDER DE T'AIDER POUR TES DEVOIRS D'ÉTÉ…
… J'AI CRÉÉ CES ROBOTS.
COMMENT ? CE SONT EUX QUI VONT NOUS AIDER ?
FAITES-MOI CONFIANCE, LES ENFANTS.
MOI AUSSI, JE VAIS VOUS AIDER.
POSEZ N'IMPORTE QUELLE QUESTION À DR SAITOUT, IL VOUS DONNERA LA RÉPONSE.
QU'EST-CE QU'IL PEUT BIEN SAVOIR CE PETIT ROBOT ?
MOUAIS… J'AI DES DOUTES !
POURQUOI ILS FONT CES TÊTES-LÀ ?
TU VERRAS. ILS VONT VITE CHANGER D'AVIS.

LA PEAU

L'épiderme, le derme, l'hypoderme

TOUS LES VÊTEMENTS ME VONT PARFAITEMENT, COMME UN MANNEQUIN. C'EST INCROYABLE, N'EST-CE PAS ?
ÉLOIGNE-TOI D'ELLE, MAX.
ELLE EST GRAVE, CELLE-LÀ !
JE VIENS AVEC VOUS.
COÂ COÂ COÂ
ON DIRAIT UNE GRENOUILLE...
TU AS RAISON.
ALLEZ, REPRENONS. C'EST LA PEAU QUI RECOUVRE LE CORPS HUMAIN. ELLE PROTÈGE LES ORGANES INTERNES ET RÉGULE LA TEMPÉRATURE DU CORPS.
LA PEAU EST UN ORGANE QUI JOUE UN RÔLE IMPORTANT POUR LE SENS DU TOUCHER.
DOGGY A L'AIR BIEN PLUS INTELLIGENT QUE NOUS.
DOGGY, MONTRE-NOUS CE QUE TU SAIS FAIRE.
D'ACCORD !
CLAP!
BOUM !
QU'EST-CE QU'IL SE PASSE ?
PCHHH!
DOGGY EST ENTRÉ DANS TA PEAU.

COMPOSITION DE LA PEAU
REGARDE DE QUOI LA PEAU EST FAITE !
BIP !
LA PEAU EST CONSTITUÉE DE L'ÉPIDERME, DU DERME ET DE L'HYPODERME.
Poil
Pore
Épiderme
Tube sudorifère
Muscle
Derme
Glande sébacée
Glande sudoripare
Hypoderme
Veine
Artère
Racine du poil
LE DERME CONTIENT BEAUCOUP DE CHOSES...
DIS-MOI, DR SAITOUT. EN ÉTÉ, J'AI REMARQUÉ QUE QUAND ON SE FAIT TROP BRONZER, ON PÈLE.
OUI, C'EST VRAI. COMMENT ÇA SE FAIT ?
C'EST DE L'ÉPIDERME QUI PART, ET COMME IL N'Y A PAS DE VAISSEAUX SANGUINS DANS L'ÉPIDERME, ON NE SAIGNE PAS.
ALORS, LE DERME...
... QUELLE EST SA FONCTION ?
VOUS CONNAISSEZ LE MOT "CUIR" ?
LE DERME EST EN FAIT CE QUE L'ON APPELLE COURAMMENT LE "CUIR". C'EST LA PARTIE LA PLUS IMPORTANTE DE LA PEAU.

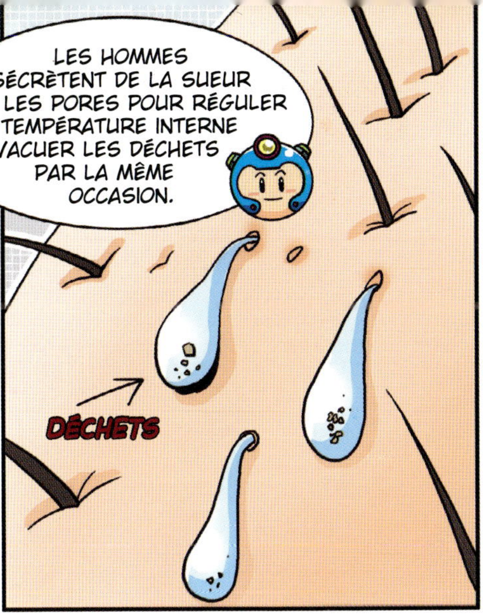

RÔLE DES POILS

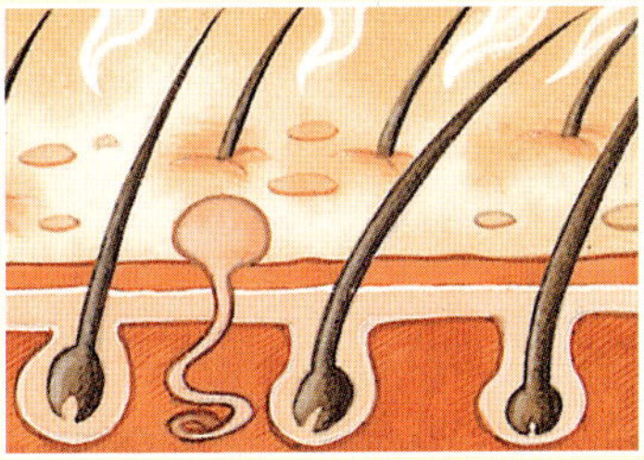

Quand il fait chaud.

Les poils se baissent pour dégager les pores, ce qui permet de sécréter plus de sueur et d'évacuer la chaleur du corps.

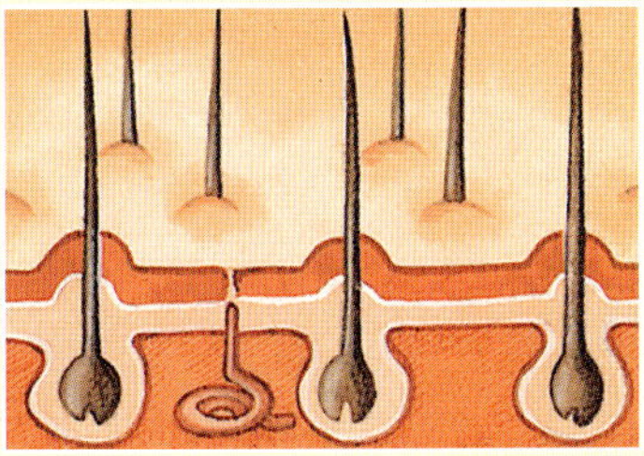

Quand il fait froid.

Les poils se redressent pour boucher les pores et retiennent la chaleur à l'intérieur du corps.

POURQUOI LÉA A LA PEAU BLANCHE, ALORS QUE LA MIENNE EST FONCÉE ?
TU NE SAIS MÊME PAS ÇA ?
BON, JE T'EXPLIQUE.
HMM...
C'EST PARCE QUE JE M'APPELLE BLANCHE-NEIGE.
ELLE SE PREND VRAIMENT POUR UNE PRINCESSE, CELLE-LÀ.
MAIS, BON, C'EST MON AMIE. JE NE VAIS RIEN LUI DIRE...
JE SUIS VRAIMENT UN GARS SYMPA.
HÉ ! HÉ ! HÉ !
DANS L'ÉPIDERME, IL EXISTE UN PIGMENT QUE L'ON APPELLE LA MÉLANINE. LA COULEUR DE LA PEAU VARIE EN FONCTION
DE L'ACTIVITÉ DES CELLULES QUI FABRIQUENT LA MÉLANINE. PLUS ELLES SONT ACTIVES, PLUS LA COULEUR DE LA PEAU EST FONCÉE.
AH ! ET QU'EST-CE QUI EST LE MIEUX ?
CE N'EST PAS SI SIMPLE QUE ÇA.
LES RAYONS DU SOLEIL DIFFUSENT, ENTRE AUTRES, DES ULTRAVIOLETS. EN EXCÈS, ILS NUISENT À LA SANTÉ. ILS PEUVENT MÊME PROVOQUER UN CANCER DE LA PEAU.
Ultraviolets
BIP !
ZUT ! CE SONT DES ULTRAVIOLETS.
Peau

À CE MOMENT-LÀ, LA MÉLANINE SE CONCENTRE DANS L'ÉPIDERME ET LA PEAU FONCE.
Ultraviolets
Mélanine
Épiderme
LUTTONS TOUS ENSEMBLE CONTRE LES ULTRAVIOLETS !
DONC UNE PEAU RISQUE DE S'ABÎMER PLUS FACILEMENT SI ELLE A UNE FAIBLE CONCENTRATION DE MÉLANINE. TU VOIS ?
ZUT ! IL FAUT VRAIMENT QUE JE ME PROTÈGE BIEN LA PEAU.
TU COMPRENDS MAINTENANT POURQUOI CEUX QUI VIVENT DANS DES RÉGIONS TROPICALES ONT LA PEAU NOIRE ?
OUI, C'EST POUR SE PROTÉGER DU SOLEIL !
EXACTEMENT ! CEUX QUI VIVENT DANS DES RÉGIONS PEU ENSOLEILLÉES ONT LA PEAU PLUS CLAIRE.
COMME LES RAYONS DU SOLEIL PÉNÈTRENT PLUS FACILEMENT DANS LES PEAUX CLAIRES, LA PRODUCTION DE VITAMINE D EST PLUS IMPORTANTE.
DU COUP, CEUX QUI ONT UNE PEAU FONCÉE RISQUENT MOINS D'AVOIR UN CANCER DE LA PEAU, N'EST-CE PAS ?
OUI, ON PEUT DIRE ÇA.
ALORS, BLANCHE-NEIGE, CE N'EST PAS UN SI BON SURNOM QUE ÇA !
TU N'ES PAS BLANCHE-NEIGE !
BON, CHANGEONS DE SUJET POUR QU'IL SE CALME UN PEU.
HUM...
DIS-MOI, QUELLE EST LA FONCTION DE L'HYPODERME ?
IL SERT À STOCKER LES NUTRIMENTS ET À MAINTENIR LE CORPS À TEMPÉRATURE CONSTANTE.

SI ON MANGE PLUS QUE NÉCESSAIRE, NOTRE CORPS EMMAGASINE LES NUTRIMENTS.
MIAM, MIAM...
CE SURPLUS DE NUTRIMENTS SE STOCKE SOUS LA PEAU, DANS L'HYPODERME, SOUS FORME DE GRAISSE.
SI ON MANGE ÉQUILIBRÉ, ON AURA UNE COUCHE HYPODERMIQUE NORMALE, DONC UN PHYSIQUE AGRÉABLE À REGARDER.
PAR CONTRE, SI ON MANGE TROP ET QUE LA GRAISSE S'ACCUMULE...
BIP ! BIP! BIP! BIP!
MAIS QU'EST-CE QU'IL M'ARRIVE ?
AAH ! AAH !
OH, LÀ, LÀ, MAX S'EST TRANSFORMÉ EN COCHON !
JE N'AI RIEN FAIT. C'EST DOGGY LE RESPONSABLE.
GROIN !
RENDS-MOI MON CORPS !
BOUM !
OUF !
DOMMAGE ! TU ÉTAIS BEAU À VOIR. HI, HI, HI !

Les récepteurs

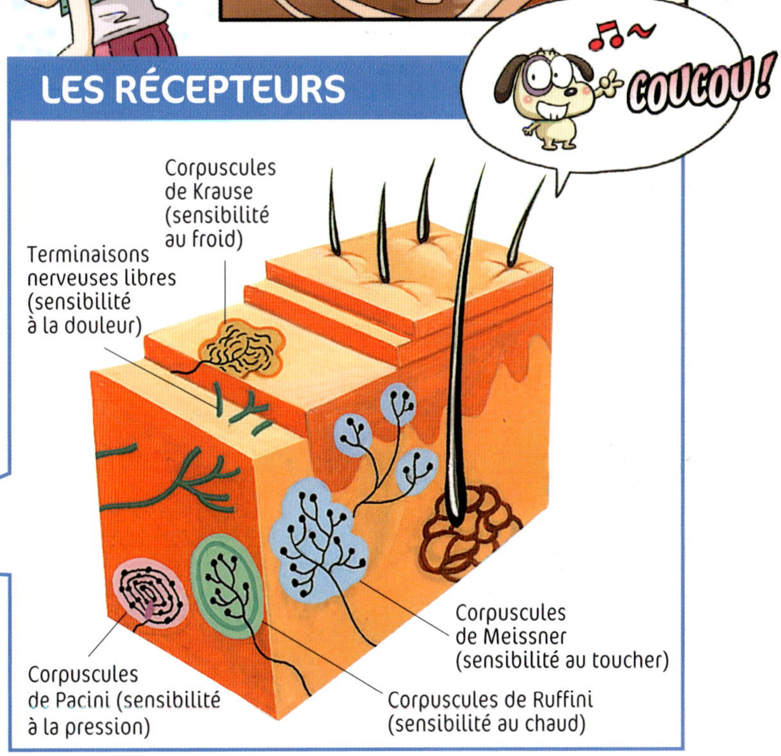

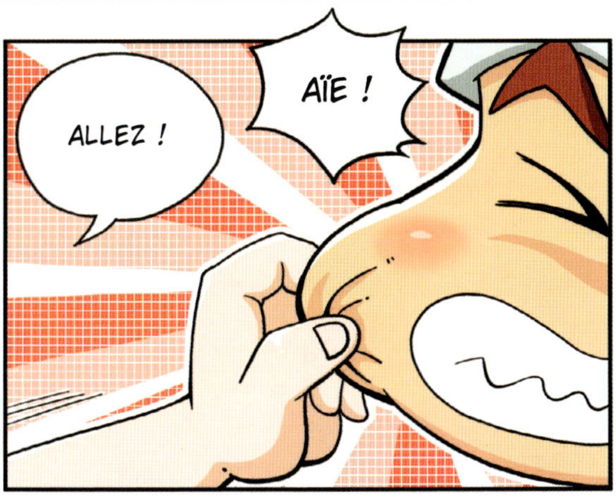

RÔLES DES RÉCEPTEURS

Parmi les récepteurs de la peau, les terminaisons nerveuses libres sont les plus nombreuses et les corpuscules de Ruffini, les moins nombreux. Mais tous les récepteurs sont liés aux terminaisons nerveuses libres lorsque les stimulations atteignent un certain seuil. Par exemple, si on met les mains dans de l'eau tiède, on sent la chaleur, alors que si on les plonge dans de l'eau très chaude, on sent la douleur. C'est aussi pour cela que l'on ressent la douleur avant le froid quand on met la main dans de l'eau très froide. Enfin, ce sont les corpuscules de Pacini qui nous font sentir les chatouilles.

La peau morte

LA PEAU SE RÉGÉNÈRE EN CONTINU SOUS L'ÉPIDERME.
LA NOUVELLE PEAU ÉLIMINE L'ANCIENNE.
LA VIEILLE PEAU SE MÉLANGE AVEC DE LA POUSSIÈRE ET DE LA SUEUR PUIS SE DÉTACHE.
EN TOUT CAS, LA CRASSE FAIT PARTIE DE LA PEAU. ALORS, NE L'APPELLE PLUS "CRASSE", MAIS "PEAU MORTE".
PFFF, LA PEAU INUTILE N'EST BONNE QU'À ÊTRE NETTOYÉE. JE CONTINUERAI À L'APPELER "CRASSE".
ARRÊTE DE CHERCHER DES EXCUSES ET PENSE À TE LAVER !
ENTENDU !
MONSIEUR, JE VOUDRAIS ÉLIMINER MES PEAUX MORTES...
VOUS POURRIEZ ME FROTTER LE DOS ?
OK !
ATTENTION, ÇA, C'EST DE LA "PEAU NEUVE" !
J'AI AUSSI REMARQUÉ QU'APRÈS MON BAIN, MES DOIGTS SONT TOUT RIDÉS.
C'EST VRAI !
COMME LES CELLULES SONT GORGÉES D'EAU, ELLES GONFLENT ET SE POUSSENT ENTRE ELLES. DU COUP, LES DOIGTS SEMBLENT RIDÉS APRÈS UN BAIN.

Les ongles des mains et des pieds, les empreintes digitales

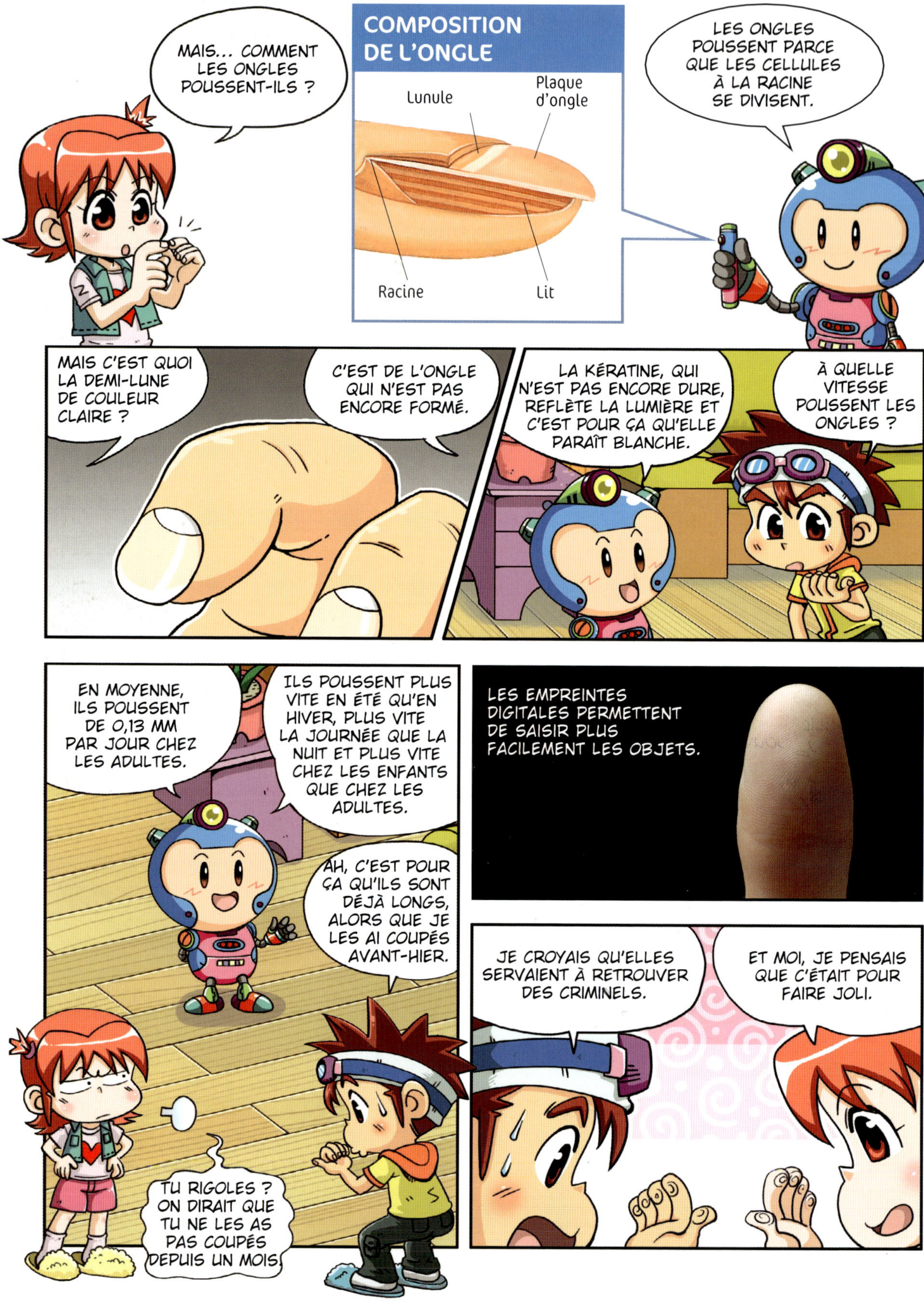
MAIS... COMMENT LES ONGLES POUSSENT-ILS ?
COMPOSITION DE L'ONGLE
Lunule
Plaque d'ongle
Racine
Lit
LES ONGLES POUSSENT PARCE QUE LES CELLULES À LA RACINE SE DIVISENT.
MAIS C'EST QUOI LA DEMI-LUNE DE COULEUR CLAIRE ?
C'EST DE L'ONGLE QUI N'EST PAS ENCORE FORMÉ.
LA KÉRATINE, QUI N'EST PAS ENCORE DURE, REFLÈTE LA LUMIÈRE ET C'EST POUR ÇA QU'ELLE PARAÎT BLANCHE.
À QUELLE VITESSE POUSSENT LES ONGLES ?
EN MOYENNE, ILS POUSSENT DE 0,13 MM PAR JOUR CHEZ LES ADULTES.
ILS POUSSENT PLUS VITE EN ÉTÉ QU'EN HIVER, PLUS VITE LA JOURNÉE QUE LA NUIT ET PLUS VITE CHEZ LES ENFANTS QUE CHEZ LES ADULTES.
AH, C'EST POUR ÇA QU'ILS SONT DÉJÀ LONGS, ALORS QUE JE LES AI COUPÉS AVANT-HIER.
TU RIGOLES ? ON DIRAIT QUE TU NE LES AS PAS COUPÉS DEPUIS UN MOIS.
LES EMPREINTES DIGITALES PERMETTENT DE SAISIR PLUS FACILEMENT LES OBJETS.
JE CROYAIS QU'ELLES SERVAIENT À RETROUVER DES CRIMINELS.
ET MOI, JE PENSAIS QUE C'ÉTAIT POUR FAIRE JOLI.

Les lèvres

ALORS, PUISQUE VOUS AVEZ APPRIS DES CHOSES SUR LA PEAU, ESSAYEZ DE RÉPONDRE À MA QUESTION.
VOUS ÊTES PRÊTS ?
OUI, PAS DE PROBLÈME.
MOI, NON. JE VAIS FAIRE SEMBLANT DE FAIRE AUTRE CHOSE...
LES LÈVRES SONT-ELLES RECOUVERTES DE PEAU ?
ALLEZ, HOP ! JE ME TRANSFORME EN LÈVRES.
MAIS ?
PCHIT !
NON ! SINON, ELLES NE SERAIENT PAS ROUGES.
FAUX ! ELLES SONT ÉGALEMENT RECOUVERTES DE PEAU.
ÇA NE VA PAS, DOGGY ! ARRÊTE DE T'AMUSER AVEC MON CORPS !
AH BON ? ALORS, POURQUOI SONT-ELLES ROUGES ?
LES LÈVRES SONT RECOUVERTES D'UNE PEAU TRÈS FINE...
... QUI LAISSE APPARAÎTRE LE SANG. C'EST POURQUOI ELLES SONT ROUGES.
JE LE SAVAIS, MAIS JE N'AI PAS PU RÉPONDRE À CAUSE DE DOGGY.
PFFF ! TU PENSES QUE JE VAIS TE CROIRE ?

LES OS

La diversité des os

ENTREZ !
CRIC ! CRIC !
RIEN QUE LE BRUIT DE LA PORTE ME FOUT LA TROUILLE !
JE N'AI PAS ENVIE D'Y ALLER.
ALLEZ-Y D'ABORD. JE VOUS REJOINS PLUS TARD.
BLAM !
OK, FAITES COMME VOUS VOULEZ.
ALLEZ, ON ENTRE !
BOUH !
BOUH !
AU SECOURS !
AAAH !

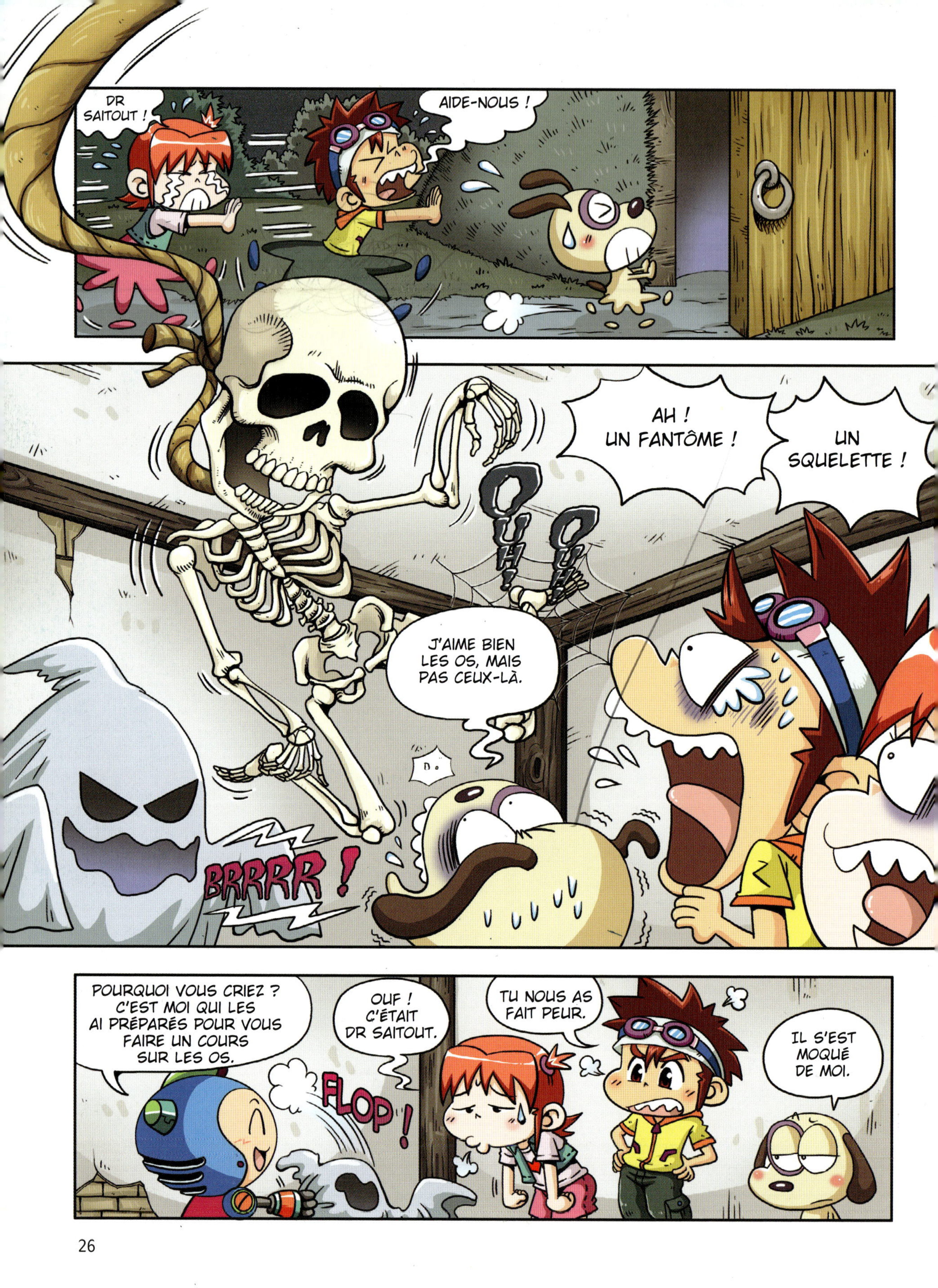
DR SAITOUT !
AIDE-NOUS !
AH ! UN FANTÔME !
UN SQUELETTE !
OUH !
OUH !
J'AIME BIEN LES OS, MAIS PAS CEUX-LÀ.
BRRRRR !
POURQUOI VOUS CRIEZ ? C'EST MOI QUI LES AI PRÉPARÉS POUR VOUS FAIRE UN COURS SUR LES OS.
FLOP !
OUF ! C'ÉTAIT DR SAITOUT.
TU NOUS AS FAIT PEUR.
IL S'EST MOQUÉ DE MOI.

LES OS DU CORPS HUMAIN

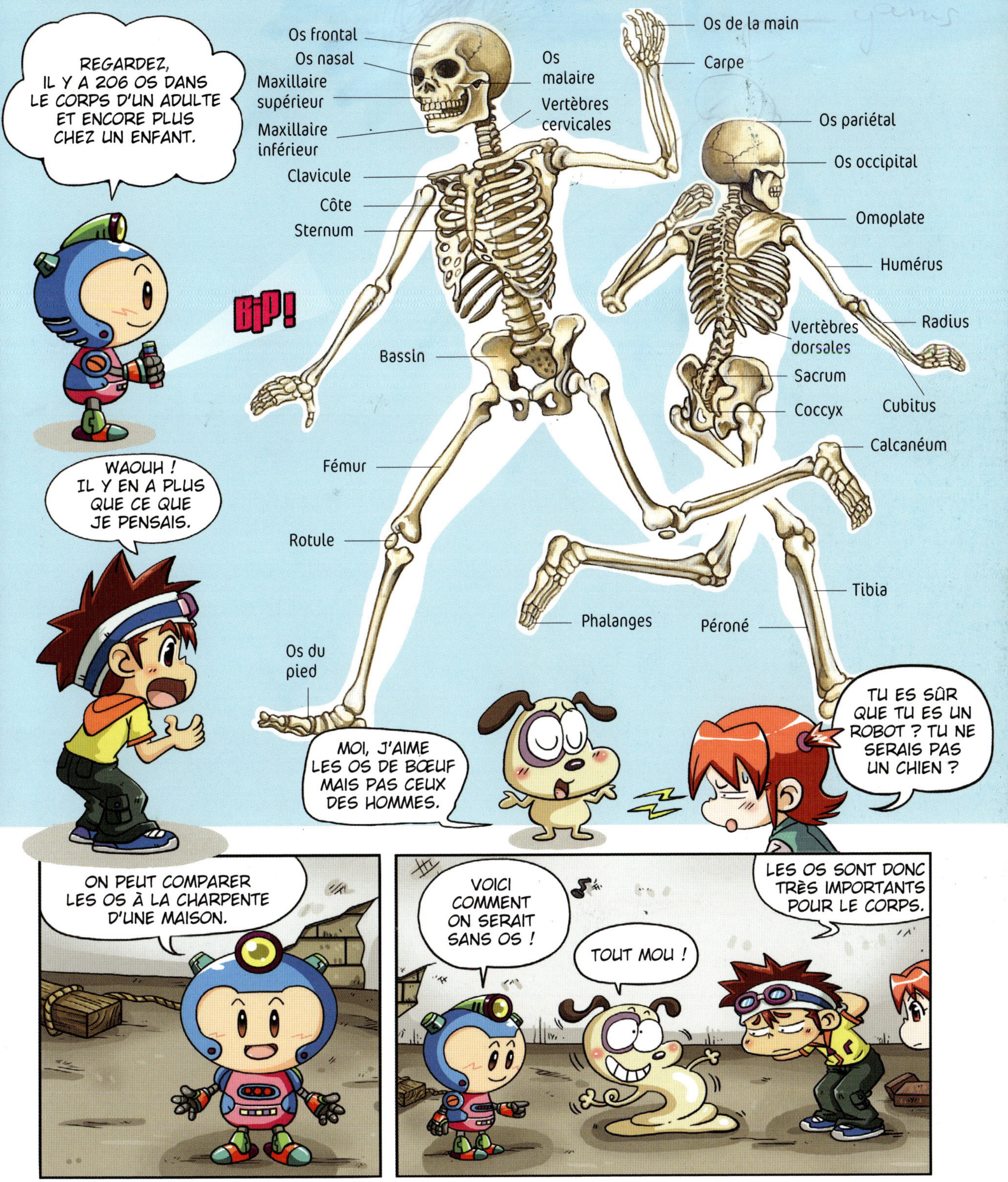

LES OS ONT DES FONCTIONS DIFFÉRENTES SELON LEUR POSITION DANS LE CORPS.
DE MÊME QUE TOUT LE MONDE N'A PAS LE MÊME Q.I.
QUEL EST LE RAPPORT ?
MON Q.I. EST ÉLEVÉ, ALORS QUE...
... CELUI DE MAX EST BIEN PLUS BAS.
PFFF !
HI ! HI !
EN TOUT CAS, TOUS LES OISEAUX FONT CACA QUEL QUE SOIT LEUR Q.I.
?
PCHHH !
PCHHH !
PCHHH !
HOP !
HEIN ? POURQUOI IL S'EST TRANSFORMÉ EN OISEAU TOUT D'UN COUP ?
FLOP !
AH !
BIEN FAIT ! HA, HA, HA !
BRAVO !
PLOC

Les fonctions des os

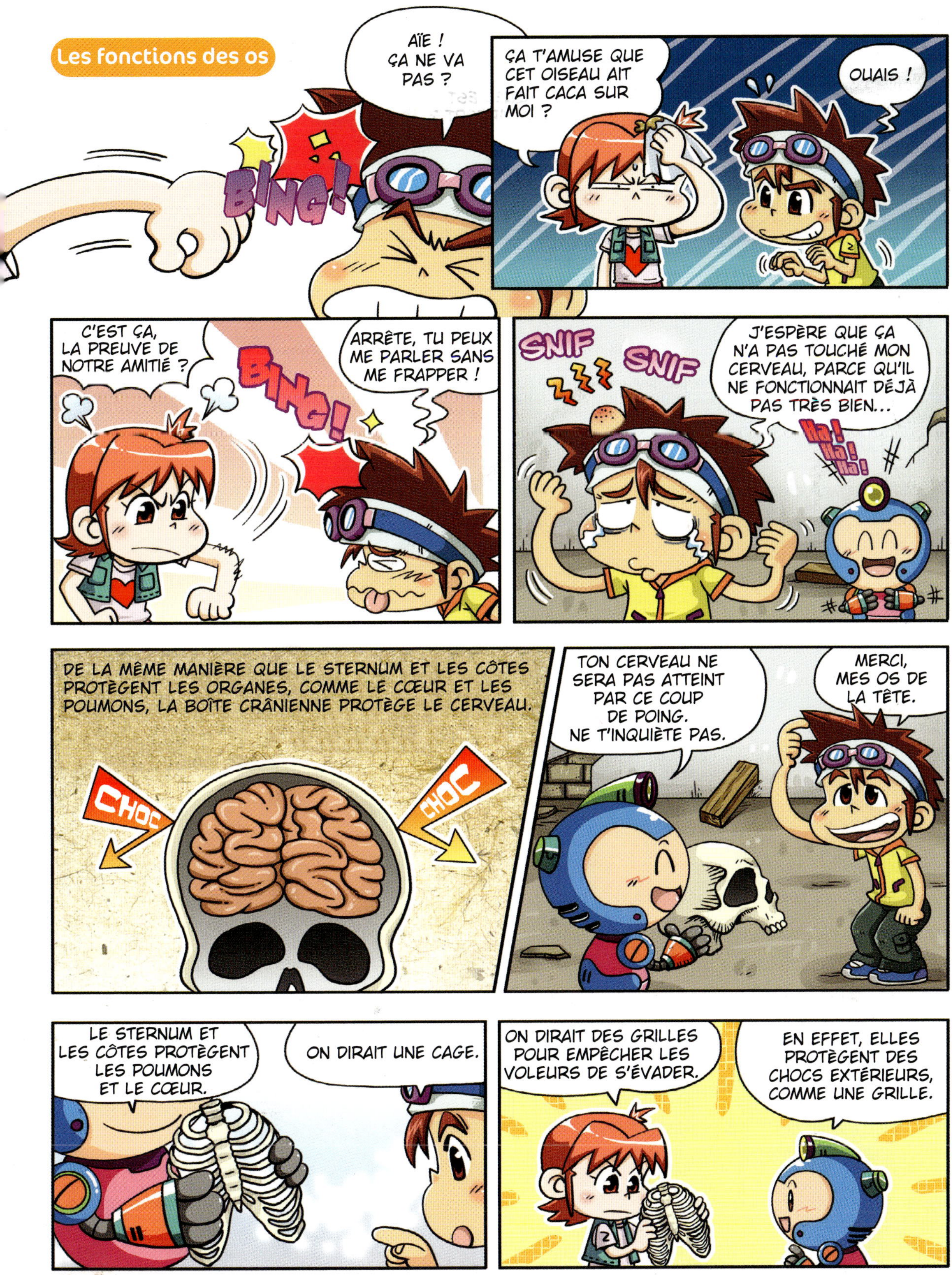

LES OS ARTICULÉS

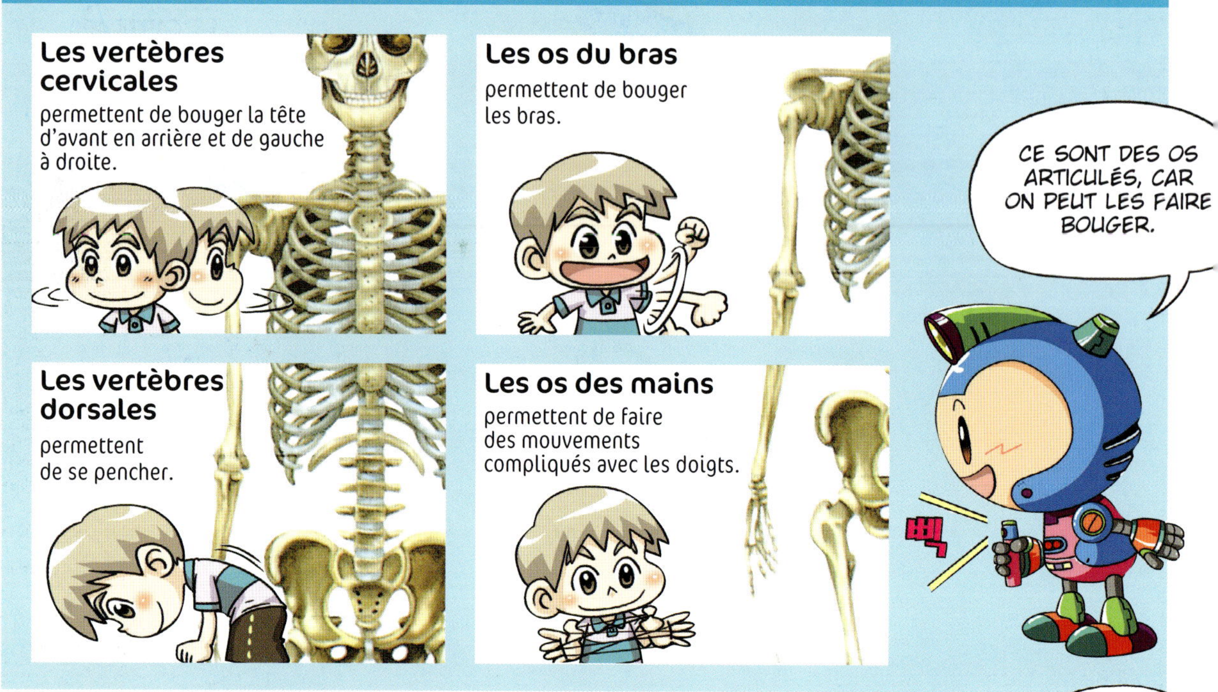

VOICI LES VERTÈBRES !
Cartilage
TIENS, IL Y A QUELQUE CHOSE ENTRE LES OS.
C'EST CE QUE L'ON APPELLE LE CARTILAGE.
COMME LE CARTILAGE EST PLUS MOU QUE LES OS, IL EST COMPRESSÉ QUAND IL SUPPORTE UN POIDS.
Os
Cartilage
Os
pression
MAIS POURQUOI LA COLONNE VERTÉBRALE EST COURBÉE ?
OK ! LE CARTILAGE EST ÉCRASÉ PAR NOTRE POIDS TOUT AU LONG DE LA JOURNÉE ET C'EST POUR ÇA QUE L'ON EST PLUS PETIT LE SOIR.
SI LA COLONNE VERTÉBRALE ÉTAIT TOUTE DROITE, JE PARAÎTRAIS ENCORE PLUS GRAND.
HOP !
LA COLONNE VERTÉBRALE SOUTIENT LE CERVEAU, QUI PÈSE LOURD, ET LE RESTE DU CORPS. VOILÀ POURQUOI ELLE A UNE FORME DE S.
CETTE COURBURE LUI PERMET DE MIEUX SUPPORTER LES CHARGES.

*LE DISQUE INTERVERTÉBRAL : C'EST UN COUSSINET FIBREUX SITUÉ ENTRE LES VERTÈBRES ET CONSTITUÉ DE CARTILAGE.

STRUCTURE DU SQUELETTE

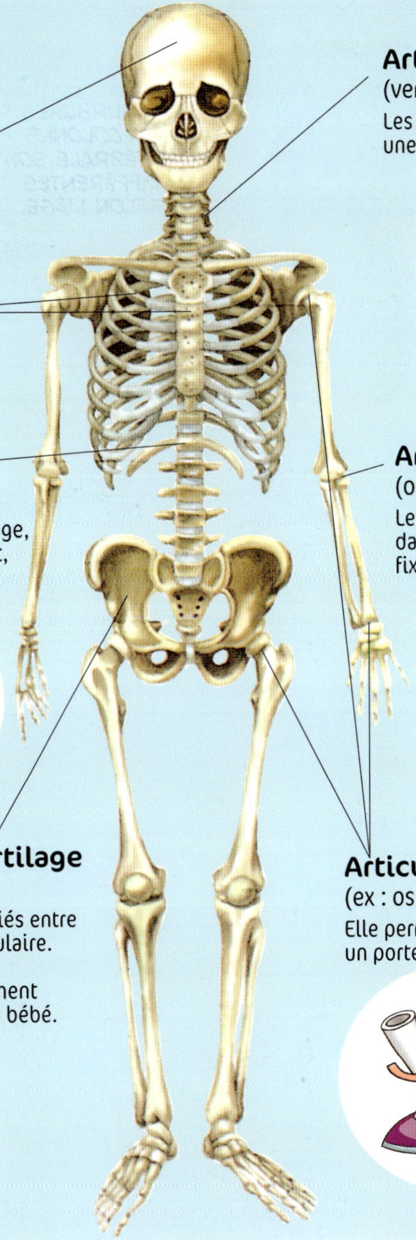

Suture (les os de la tête)
Les os de la tête sont réunis par une suture et ils sont immobiles.

Liaison par le cartilage
(les côtes et le sternum)
Comme les côtes sont reliées au sternum par le cartilage, elles bougent un peu quand on respire.

Liaison par le cartilage
(les vertèbres dorsales)
Les vertèbres dorsales sont reliées par le cartilage, ce qui nous permet de nous courber vers l'avant, comme une lampe de bureau.

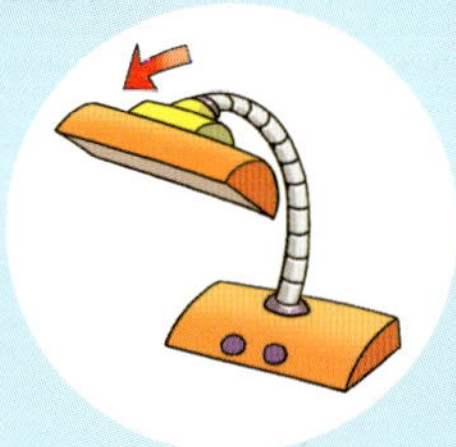

Liaison par le cartilage
(bassin*)
Les os du bassin sont reliés entre eux par le cartilage articulaire. Lors de l'accouchement, les articulations se relâchent pour faciliter la sortie du bébé.

Articulation en selle
(vertèbres cervicales)
Les os peuvent glisser comme une meule.

Articulation à charnière
(os du coude)
Les bras peuvent se plier et se déplier dans un seul sens comme une porte qui est fixée par une charnière.

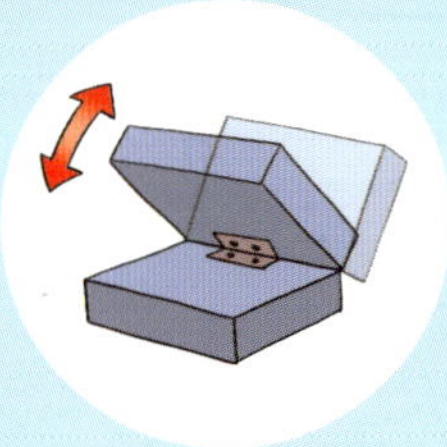

Articulations à pivot
(ex : os du poignet)
Elle permet de faire des rotations, comme un porte-stylo.

*BASSIN : APPELÉ ÉGALEMENT "PELVIS".

ARRÊTE, C'EST AFFREUX !
TU ES JALOUSE DE MA SOUPLESSE. MAIS JE PEUX TE RENDRE ENCORE PLUS JALOUSE...
ABRACADABRA !
JE ME SUIS TRANSFORMÉ EN GYMNASTE.
PSCHT
OH, QU'ELLE EST BELLE !
CE N'ES QU'UNE ILLU N'OUBLIE P QUE C'ES DOGGY.
LA LA LA
HOP ! HOP !
PEU IMPORTE QUE ÇA SOIT DOGGY. ELLE EST VRAIMENT JOLIE !
GRRR ! TU VERRAS PLUS TARD.

HOP !
BIP !
BOF ! CE N'EST QU'UN ROBOT.
TU VOIS ! JE TE L'AVAIS DIT.
COMMENT SE FAIT-IL QUE LES GYMNASTES...
... ONT UN CORPS SI SOUPLE ?
PARCE QUE LEURS ARTICULATIONS SE SONT ASSOUPLIES APRÈS DES ANNÉES D'ENTRAÎNEMENT.
AH BON ? ALORS JE N'AI QU'À M'ENTRAÎNER.
REGARDEZ-MOI EN TRAIN DE DANSER LE LIMBO.
TAP !
TAP !
BOUM !
PFFF ! J'EN ÉTAIS SÛRE !
ÇA NE SE FAIT PAS EN UN JOUR.

FORME DU BASSIN

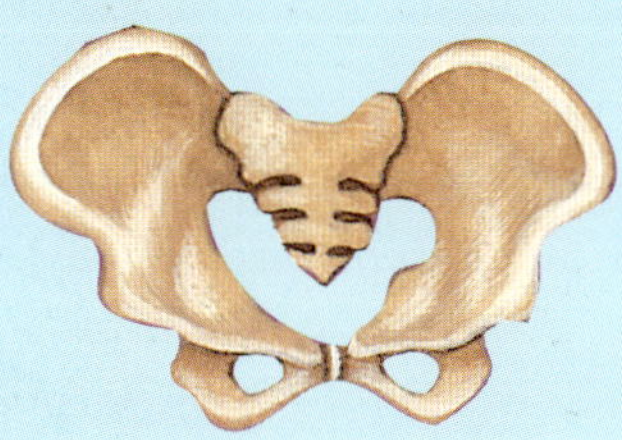

Bassin d'un homme

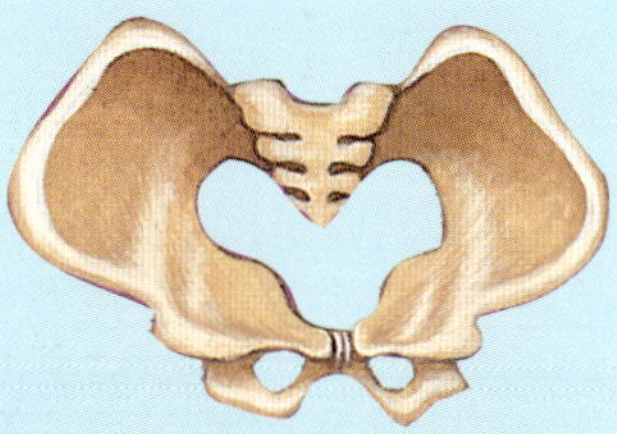

Bassin d'une femme

STRUCTURE DES OS DU PIED
CE SONT LES OS DU PIED QUI SOUTIENNENT TOUT LE CORPS.
Phalanges
Métatarse
Tarse
C'EST INCROYABLE QUE CES PETITS OS SOIENT CAPABLES DE SOUTENIR TOUT LE CORPS.
Ça sent mauvais !
SAVEZ-VOUS POURQUOI LES PONTS OU LES TUNNELS ONT DES ARCHES ?
JE LE SAVAIS, MAIS JE NE ME RAPPELLE PLUS.
POUH ! TU NE L'AS JAMAIS SU.
PARCE QUE TU LE SAIS, TOI ?
BIEN SÛR !
C'EST PARCE QUE LES ARCHES SONT LES STRUCTURES LES MIEUX ADAPTÉES POUR SOUTENIR DES POIDS LOURDS.
LES PONTS ET LES TUNNELS CONSTRUITS EN FORME D'ARCHE NE S'EFFONDRENT PAS FACILEMENT.
LES OS DU PIED SONT ÉGALEMENT EN FORME D'ARCHE, DE MANIÈRE À POUVOIR SUPPORTER TOUT LE POIDS DU CORPS.
IL NE FAUT PAS SOUS-ESTIMER LES OS DU PIED À CAUSE DE LEUR TAILLE.
IL EN VA DE MÊME POUR LES ROBOTS.
ON NE T'A RIEN DEMANDÉ !

La structure des os
SALUT, LÉA !
SALUT, VOUS DEUX !
QUI SONT CES GÉANTS ?
VU LA DIFFÉRENCE DE TAILLES, ON NE DIRAIT PAS QUE VOUS FAITES PARTIE DE LA MÊME ESPÈCE !
QUELLE HUMILIATION !
POURQUOI JE SUIS SI PETIT ?
POUR LE SAVOIR, TU DOIS COMPRENDRE COMMENT UN OS EST CONSTRUIT.
POUR MIEUX CONNAÎTRE LA STRUCTURE DES OS, ON VA REGARDER À L'INTÉRIEUR. DOGGY !
OK ! JE ME PRÉPARE POUR LA TRANSFORMATION.
PLOC ! PLOC !
FRRRR

*PLAQUE DE CROISSANCE : L'ENDROIT OÙ LA CROISSANCE DE L'OS SE PRODUIT.

COMPOSITION ET FONCTION D'UN OS

Os spongieux Une structure spongieuse offre une résistance aux chocs extérieurs.

Os compact Un tissu osseux compact soutient le corps et sert à faire des mouvements.

Corticale Des capillaires et des fibres nerveuses se trouvent dans cette partie. La corticale protège les os. L'épaisseur de l'os dépend de cette partie.

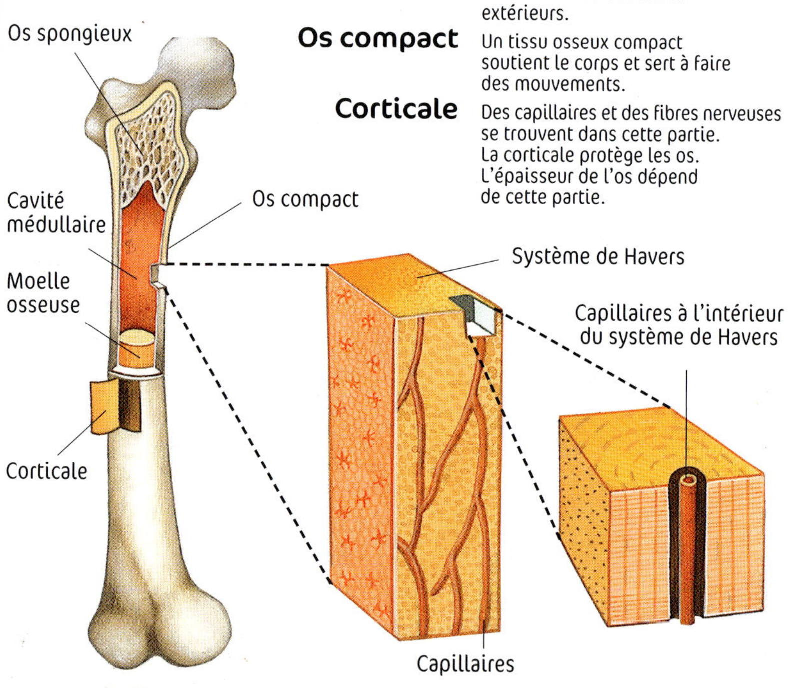

DONC LA CORTICALE SE TROUVE À L'EXTÉRIEUR DE L'OS.
EN DESSOUS, IL Y A L'OS COMPACT, ET ENCORE EN DESSOUS L'OS SPONGIEUX.
L'OS COMPACT ET L'OS SPONGIEUX CONTIENNENT BEAUCOUP DE CALCIUM.
ALORS, ON GRANDIRA VITE SI ON PREND BEAUCOUP DE CALCIUM.
CALCIUM, PHOSPHORE ET VITAMINES AIDENT À TRANSFORMER LE CARTILAGE DE LA PLAQUE DE CROISSANCE EN OS SOLIDE.
À PARTIR DE MAINTENANT, JE PRENDRAI BEAUCOUP DE CALCIUM, DE PHOSPHORE ET DE VITAMINES.
UN JOUR, JE DEVIENDRAI AUSSI GRAND QU'UN JOUEUR DE BASKET.
ET LA MOELLE OSSEUSE, C'EST QUOI ?
TU AS DÛ ENTENDRE PARLER D'UNE GREFFE DE MOELLE CHEZ UN MALADE ATTEINT DE LEUCÉMIE.
EN EFFET. MAIS POURQUOI FAIT-ON UNE GREFFE DE MOELLE ?
PARCE QUE LE SANG EST PRODUIT DANS LA MOELLE !

QUAND ON EST ATTEINT D'UNE LEUCÉMIE, IL Y A UNE ANOMALIE DANS LES CELLULES DU SANG.
ON TRANSPLANTE ALORS UNE MOELLE OSSEUSE SAINE POUR QUE LES CELLULES PRODUISENT DU "BON" SANG, C'EST ÇA ?
C'EST FOU DE SE DIRE QUE LE SANG EST PRODUIT DANS UNE PARTIE DE L'OS.
JE DONNERAIS VOLONTIERS DE MA MOELLE OSSEUSE SI QUELQU'UN EN AVAIT BESOIN.
EN EFFET ! LES OS ONT DES FONCTIONS IMPORTANTES.
SNIF !
QU'EST-CE QUI T'ARRIVE, DOGGY ?
JE ME SUIS BLESSÉ À LA JAMBE EN ME BATTANT AVEC UN CHAT.
J'IMAGINE QUE C'EST ENCORE TOI QUI AS PROVOQUÉ CETTE BAGARRE...
TAP ! TAP !
FAIS VOIR ! JE CROIS QU'IL Y A UNE FRACTURE. JE VAIS TE POSER DEUX ATTELLES POUR MAINTENIR LES OS, LE TEMPS QU'ILS SE RESSOUDENT.
PLUS ON EST JEUNE, PLUS VITE ON RÉCUPÈRE.
JE N'EN REVIENS PAS !
TU ES SÛR DE NE PAS ÊTRE UN VRAI CHIEN ?

LA STRUCTURE ET LA FONCTION DES MUSCLES

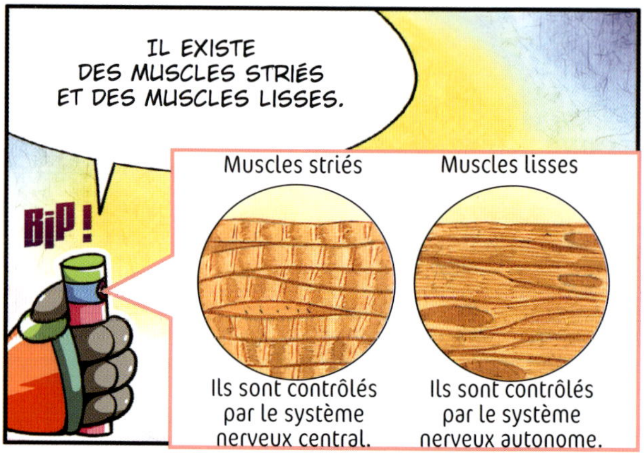

LES MUSCLES DU CORPS HUMAIN

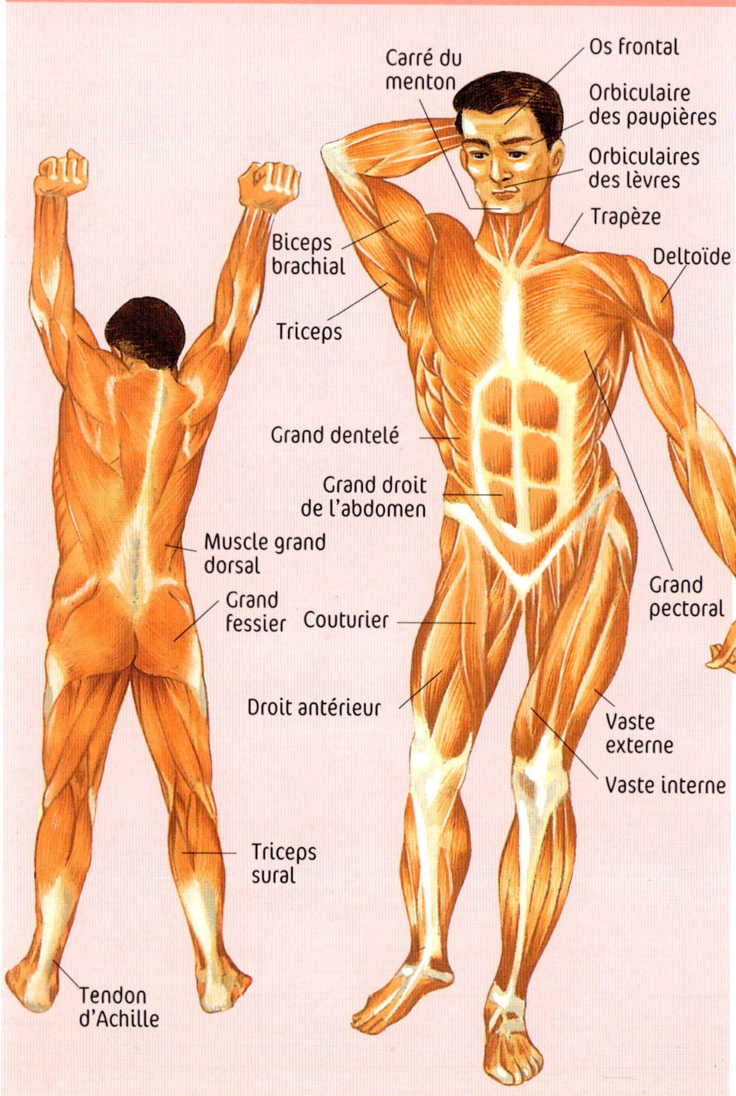

LES MUSCLES DU CŒUR SONT STRIÉS, MAIS ON NE PEUT PAS LES FAIRE BOUGER.
MAIS LE CŒUR EST UN ORGANE. IL DEVRAIT ÊTRE CONSTITUÉ DE MUSCLES LISSES, NON ?
AÏE ! MON CŒUR NE BAT PLUS.
TU AS RAISON, MAIS COMME LE CŒUR TRAVAILLE DUR POUR ENVOYER LE SANG DANS TOUT LE CORPS, SES MUSCLES DOIVENT ÊTRE SOLIDES.
LES MUSCLES DU CŒUR SONT DONC UNE EXCEPTION !
SI ON PEUT BOUGER LES YEUX, C'EST AUSSI PARCE QU'IL Y A DES MUSCLES DERRIÈRE.
Les muscles qui font bouger les paupières
Regard vers le haut
Regard sur les côtés
Regard vers le bas
LES MUSCLES FACIAUX SONT ATTACHÉS À LA PEAU ET ILS BOUGENT DE FAÇON CONTINUE. LES EXPRESSIONS DU VISAGE SONT LE RÉSULTAT DES GONFLEMENTS OU DES ÉTIREMENTS D'UNE TRENTAINE DE MUSCLES.
Le rire
Les pleurs
La colère
VOUS AVEZ COMPRIS ? C'EST GRÂCE AUX MUSCLES QUE L'ON PEUT AVOIR PLEIN D'EXPRESSIONS DU VISAGE.
DES PETITS MUSCLES LISSES, DITS "ÉRECTEURS", SE TROUVENT SUR LES POILS. ILS LEUR PERMETTENT DE SE REDRESSER QUAND IL FAIT FROID, CE QUI PROVOQUE LA FAMEUSE "CHAIR DE POULE".
INCROYABLE ! IL Y A MÊME DES MUSCLES SUR LES POILS !
BIP !
Muscle érecteur

J'AIMERAIS BIEN AVOIR LES MUSCLES D'UN SUPER-HÉROS.
TU PEUX Y ARRIVER SI TU FAIS DU SPORT RÉGULIÈREMENT.
ALORS, SI JE COMMENÇAIS TOUTE DE SUITE À FAIRE DU SPORT...
... J'AURAIS UN CORPS DE RÊVE D'ICI PEU.
MAIS SI TU FORCES TROP SUR TES MUSCLES, TU RISQUES DE TE BLESSER.
ARGH !
ARGH !
AH, BON ? ALORS, PAS QUESTION DE SOULEVER ÇA.
BOUM !
OH ! ÇA N'A PAS L'AIR SI LOURD...
NON, JE N'AI PAS ENVIE DE ME FROISSER UN MUSCLE.
VAS-Y, ÇA VA ALLER !
OH, LÀ, LÀ ! MAIS C'EST TROP LOURD POUR MOI !
TU AURAIS PU LE DIRE DÈS LE DÉBUT !
SI ON VEUT AVOIR UN BEAU CORPS, IL N'Y A PAS MIEUX QUE L'EXERCICE.
IL A RAISON !
UN, DEUX !
JE ME DEMANDE TOUJOURS SI CE SONT BIEN DE VRAIS ROBOTS...
TU CROIS QU'ILS FONT ÇA POUR DEVENIR DES HUMAINS ?

LES VISCÈRES

POURQUOI AVONS-NOUS DES GAZ ?

Les organes de digestion contiennent 200 ml de gaz dont 65 % se trouvent dans les intestins. 70 % du gaz des intestins vient de l'air que nous avons aspiré et 20 % vient du sang. Les 10 % restants sont produits à l'intérieur des intestins par une fermentation de sucre activée par les bactéries du côlon, les salmonelles et les entérocoques. Le pet se produit lorsque ce gaz sort du corps. Le gaz intestinal stimule les intestins et aide le mouvement péristaltique* de l'intestin, ce qui nous permet de bien digérer.

*MOUVEMENT PÉRISTALTIQUE : CONTRACTIONS SUCCESSIVES DE LA MEMBRANE MUSCULAIRE DE L'INTESTIN.

ACHÈTE-MOI AU MOINS DES PETITS BISCUITS.
DIS-MOI FRANCHEMENT QUE TU AS ENVIE DE ÇA.
MIAM, C'EST BON ! N'ESSAYEZ PAS DE ME LES PIQUER. ILS SONT À MOI !
ON NE VEUT PAS DE TES BISCUITS !
ÇA Y EST, JE SUIS BIEN RASSASIÉ ! J'EXPLORE LES ORGANES INTERNES DE QUI MAINTENANT ?
LUI ! ELLE !
OUPS ! J'AI DÛ MANGER TROP DE BISCUITS. JE N'ARRIVE PAS À ME TRANSFORMER...
OUF !
JE VAIS AUX TOILETTES.
IL M'ÉNERVE, CE ROBOT.
QUI L'A FABRIQUÉ ?
NE ME REGARDE PAS. CE N'EST PAS MOI !
AAAH !
MAIS !
IL EST ENTRÉ DANS MA GORGE PENDANT QUE JE BÂILLAIS.
ARRÊTE ! SACRIFIE-TOI ENCORE POUR NOTRE EXERCICE.

LES VISCÈRES DE NOTRE CORPS

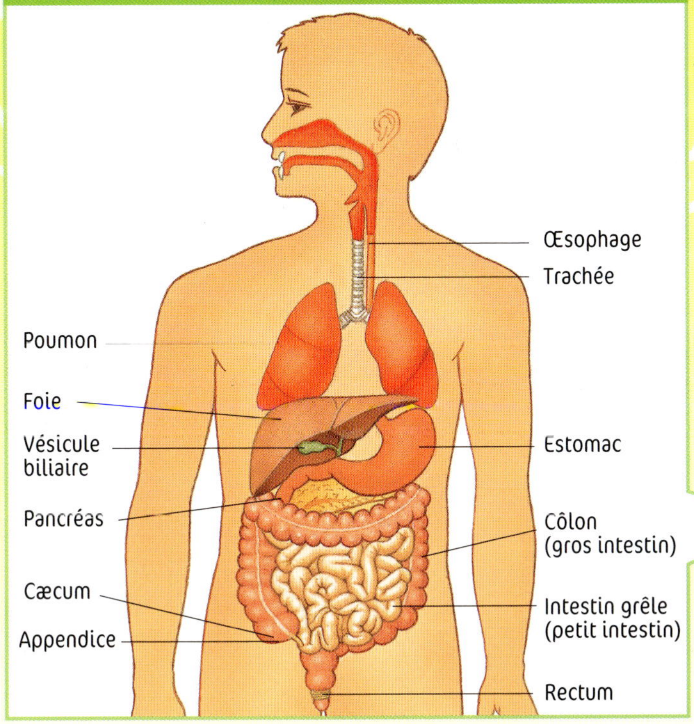

INTÉRIEUR DES ORGANES

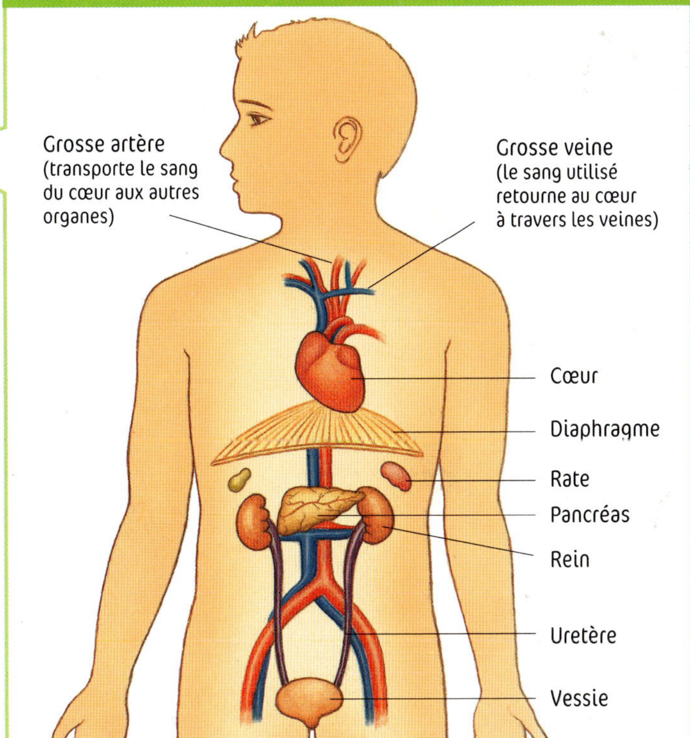

LE SYSTÈME RESPIRATOIRE

Nez, trachée, poumons

SYSTÈME RESPIRATOIRE

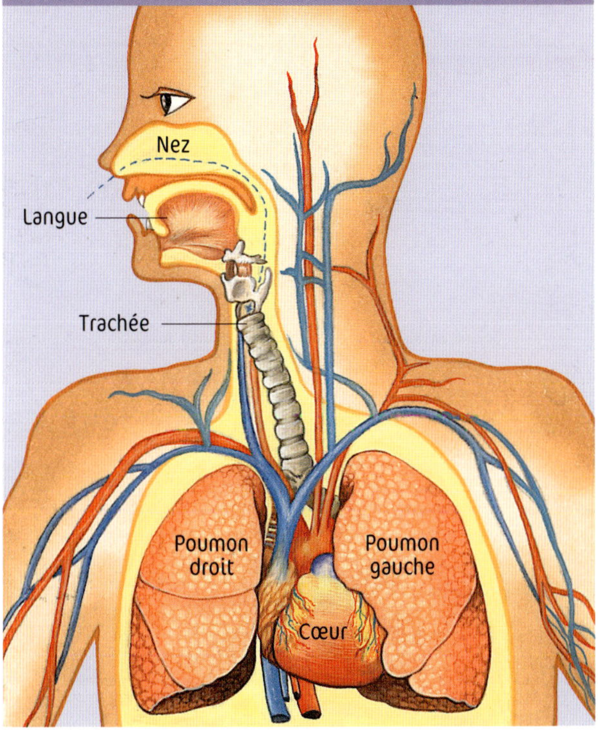

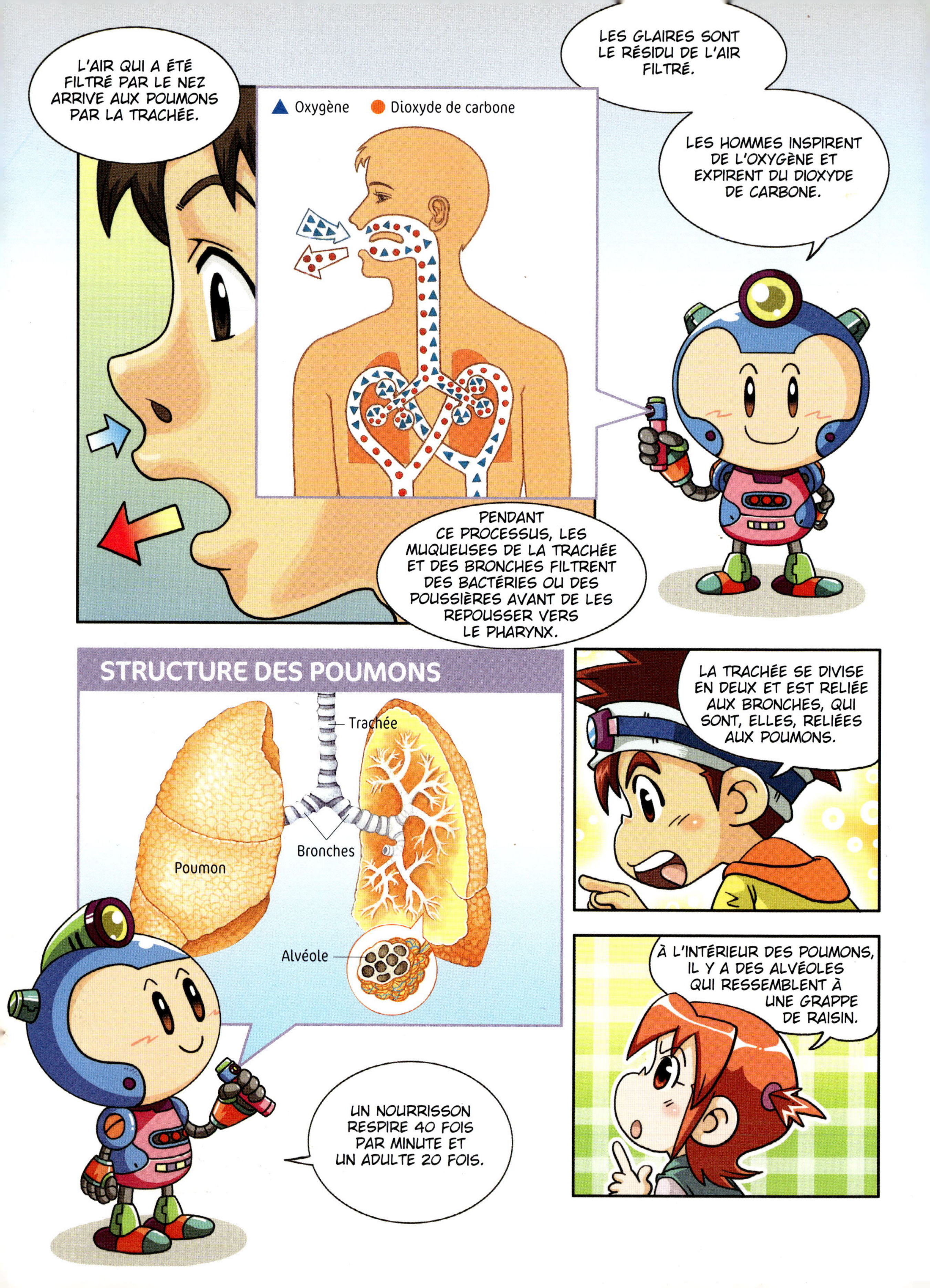
L'AIR QUI A ÉTÉ FILTRÉ PAR LE NEZ ARRIVE AUX POUMONS PAR LA TRACHÉE.
Oxygène
Dioxyde de carbone
LES GLAIRES SONT LE RÉSIDU DE L'AIR FILTRÉ.
LES HOMMES INSPIRENT DE L'OXYGÈNE ET EXPIRENT DU DIOXYDE DE CARBONE.
PENDANT CE PROCESSUS, LES MUQUEUSES DE LA TRACHÉE ET DES BRONCHES FILTRENT DES BACTÉRIES OU DES POUSSIÈRES AVANT DE LES REPOUSSER VERS LE PHARYNX.
STRUCTURE DES POUMONS
Trachée
Bronches
Poumon
Alvéole
LA TRACHÉE SE DIVISE EN DEUX ET EST RELIÉE AUX BRONCHES, QUI SONT, ELLES, RELIÉES AUX POUMONS.
À L'INTÉRIEUR DES POUMONS, IL Y A DES ALVÉOLES QUI RESSEMBLENT À UNE GRAPPE DE RAISIN.
UN NOURRISSON RESPIRE 40 FOIS PAR MINUTE ET UN ADULTE 20 FOIS.

SCHÉMA D'UNE ALVÉOLE

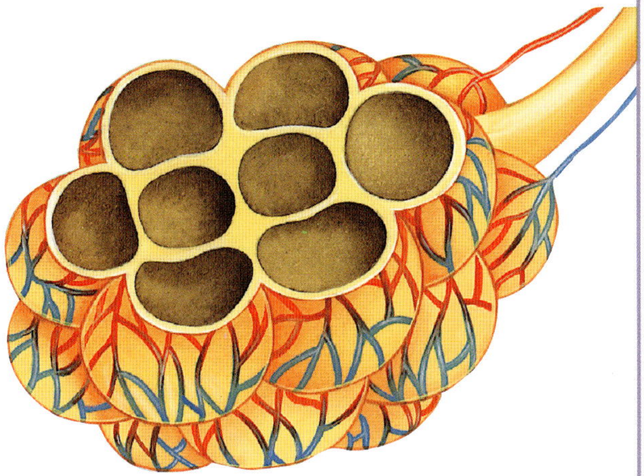

L'ALVÉOLE EST UNE ESPÈCE DE POCHE D'AIR EN FORME DE GRAPPE DE RAISIN. ELLE EST RECOUVERTE DE CAPILLAIRES ET SE TROUVE À L'EXTRÉMITÉ DES BRONCHES. SON DIAMÈTRE EST DE 0,1 À 0,2 MM. ON COMPTE ENVIRON 200 MILLIONS D'ALVÉOLES.

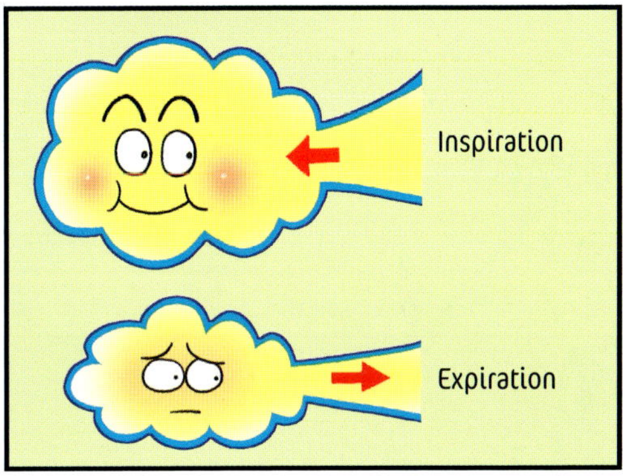

LA CONSOMMATION D'OXYGÈNE PAR MINUTE (EN LITRE) QUAND...

... on dort : 0,1 l ... on est debout : 0,3 l ... on marche : 0,57 l ... on court : 1,6 l

C'EST POUR ÇA QU'ON EST ESSOUFFLÉ APRÈS AVOIR FAIT DU SPORT.
EXACTEMENT. C'EST PARCE QU'ON A BESOIN DE BEAUCOUP D'OXYGÈNE.
SI ON RESPIRE BEAUCOUP D'OXYGÈNE, ON REJETTE ÉGALEMENT BEAUCOUP DE DIOXYDE DE CARBONE POUR QUE L'ÉCHANGE DE GAZ PUISSE SE FAIRE RAPIDEMENT.
OXYGÈNE
DIOXYDE DE CARBONE
QUAND TU ES ESSOUFFLÉ, INSPIRE PROFONDÉMENT. CELA PERMET D'ENVOYER BEAUCOUP D'OXYGÈNE DANS LES POUMONS ET TU TE SENTIRAS MIEUX.
RHAAAH !
RHAAAH !
POURQUOI ILS RESPIRENT COMME ÇA ? ILS N'ONT MÊME PAS FAIT DE SPORT.
C'EST NORMAL ! MAX COPIE TOUT ET N'IMPORTE QUOI.
IL EXISTE PLUSIEURS FAÇONS DE RESPIRER.
COMMENT ÇA ?
ON PEUT RESPIRER PAR LES OREILLES OU PAR LE NOMBRIL ?
HA, HA ! NON, CE N'EST PAS POSSIBLE.
IL Y A DEUX SORTES DE RESPIRATIONS : ABDOMINALE OU THORACIQUE. LA PREMIÈRE EST ASSURÉE PAR LE VENTRE ET...
... LA SECONDE L'EST PAR LE THORAX.
PAR LE THORAX ?

LA RESPIRATION

Respiration abdominale :
on active le diaphragme pour respirer.

Respiration thoracique :
on bouge les côtes pour respirer.

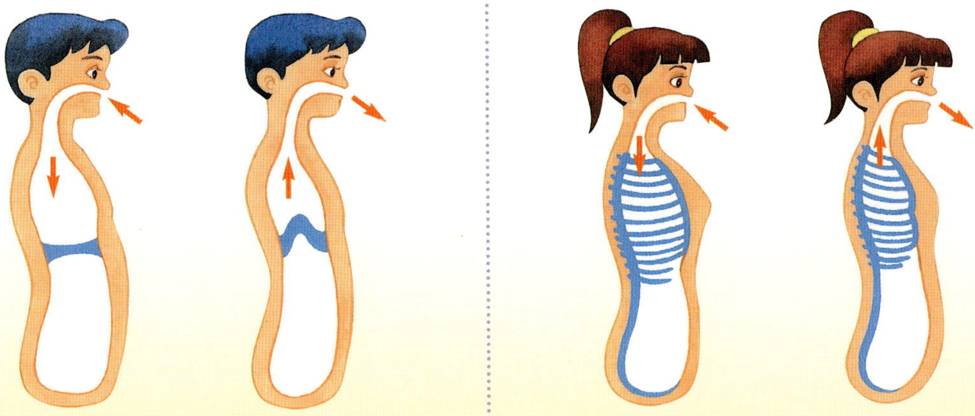

Quand on inspire, le diaphragme descend.

Quand on expire, le diaphragme remonte.

Quand on inspire, les côtes se déplacent vers l'avant.

Quand on expire, les côtes reviennent en arrière.

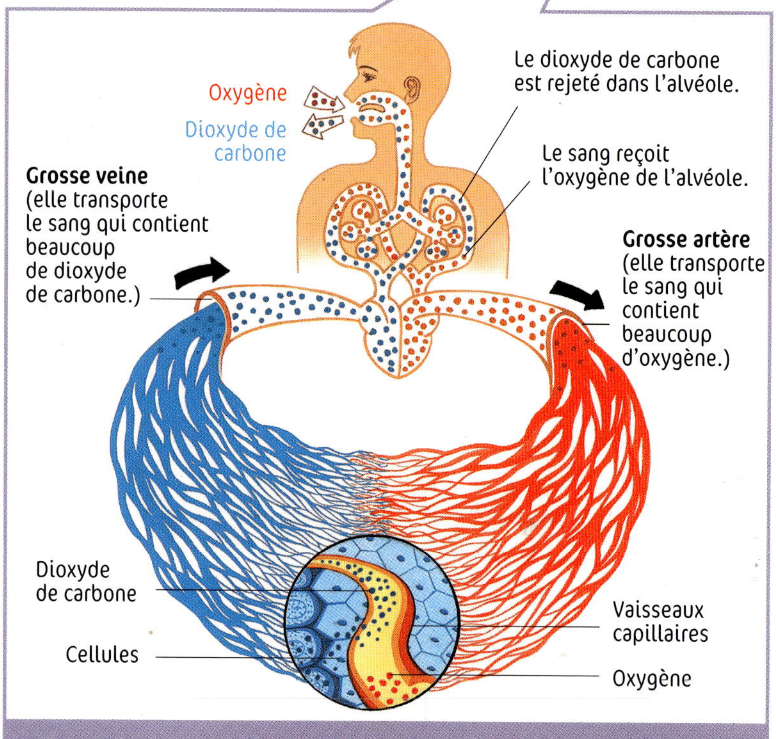

RESPIRATION EXTERNE ET INTERNE

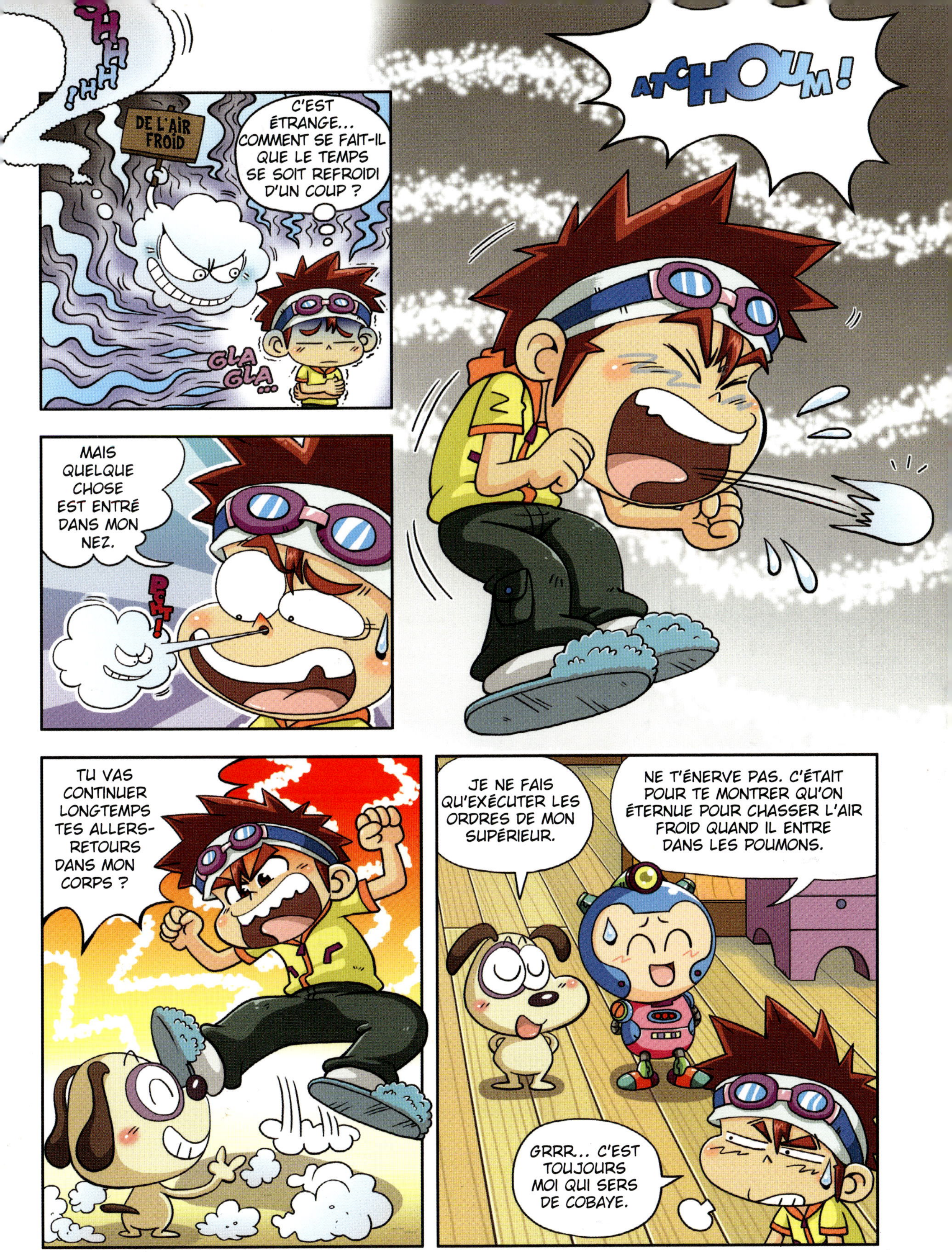
HHHH !
DE L'AIR FROID
C'EST ÉTRANGE... COMMENT SE FAIT-IL QUE LE TEMPS SE SOIT REFROIDI D'UN COUP ?
GLA GLA...
MAIS QUELQUE CHOSE EST ENTRÉ DANS MON NEZ.
ATCHOUM !
TU VAS CONTINUER LONGTEMPS TES ALLERS-RETOURS DANS MON CORPS ?
JE NE FAIS QU'EXÉCUTER LES ORDRES DE MON SUPÉRIEUR.
NE T'ÉNERVE PAS. C'ÉTAIT POUR TE MONTRER QU'ON ÉTERNUE POUR CHASSER L'AIR FROID QUAND IL ENTRE DANS LES POUMONS.
GRRR... C'EST TOUJOURS MOI QUI SERS DE COBAYE.

LE SYSTÈME DIGESTIF

La digestion

C'EST BIZARRE. JE N'AI PAS VU DOGGY DEPUIS UN MOMENT.
QU'EST-CE QUE JE FAIS ? SI ELLE APPREND QUE JE L'AI AVALÉ...
... ELLE VA ENCORE ME FAIRE LA TÊTE.
POURQUOI ARRIVE-T-ELLE MAINTENANT ?
OÙ ES-TU DOGGY ?
ZUT !
JE SUIS LÀ, LÉA !
OUPS ! QU'EST-CE QUE JE VAIS DIRE ?
DANS LE VENTRE DE MAX ?
OUI, C'EST ÇA.
GRRRR...
JE SAVAIS QUE TU ÉTAIS UN GOINFRE... MAIS LÀ, TU ABUSES VRAIMENT !
JE NE L'AI PAS FAIT EXPRÈS.
J'AI MANGÉ UN BEIGNET SANS SAVOIR QUE C'ÉTAIT DOGGY.
TAIS-TOI ! TU AS AVALÉ DOGGY !

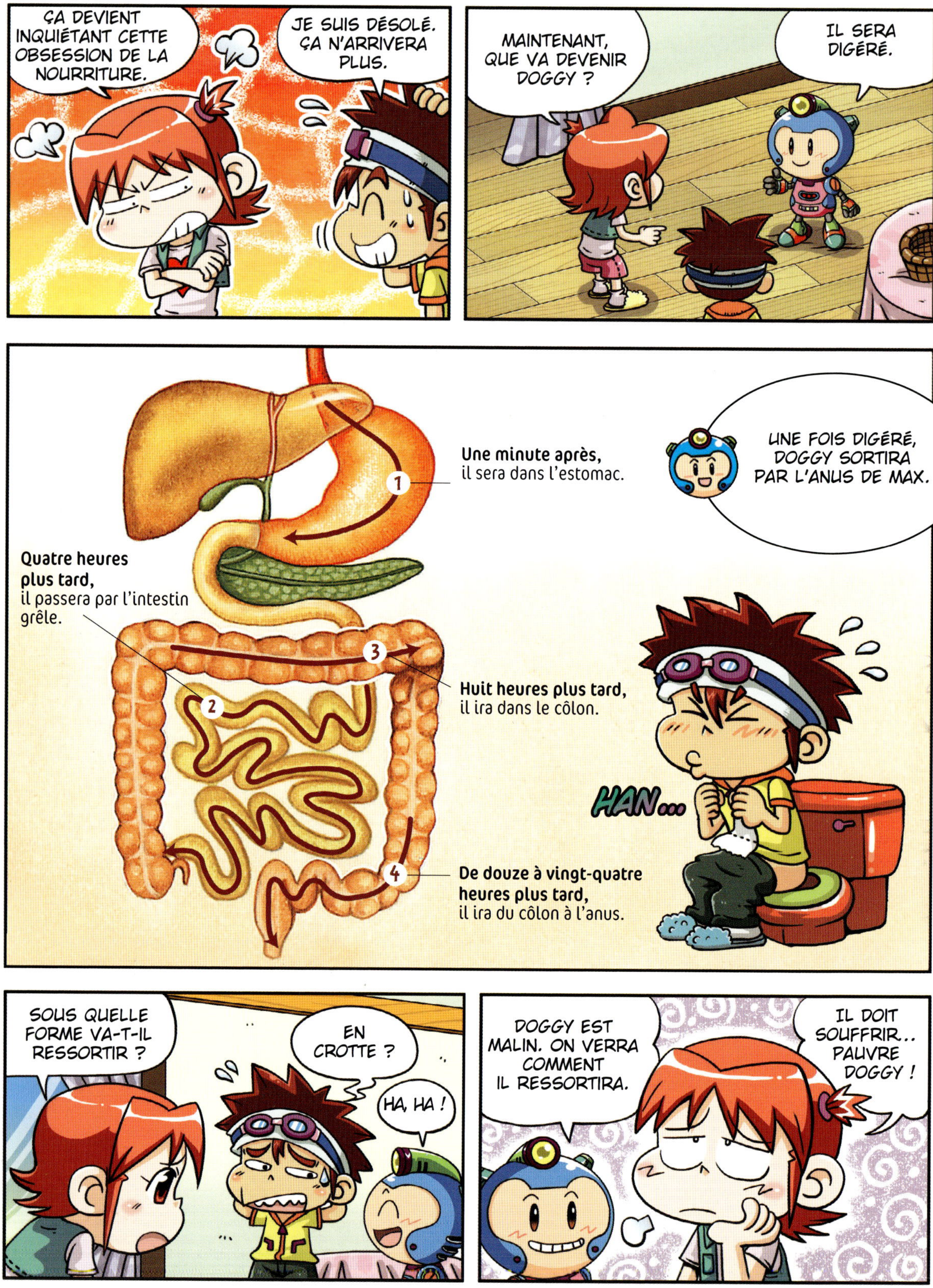
ÇA DEVIENT INQUIÉTANT CETTE OBSESSION DE LA NOURRITURE.
JE SUIS DÉSOLÉ. ÇA N'ARRIVERA PLUS.
MAINTENANT, QUE VA DEVENIR DOGGY ?
IL SERA DIGÉRÉ.
UNE FOIS DIGÉRÉ, DOGGY SORTIRA PAR L'ANUS DE MAX.
1
Une minute après, il sera dans l'estomac.
2
Quatre heures plus tard, il passera par l'intestin grêle.
3
Huit heures plus tard, il ira dans le côlon.
4
De douze à vingt-quatre heures plus tard, il ira du côlon à l'anus.
HAN...
SOUS QUELLE FORME VA-T-IL RESSORTIR ?
EN CROTTE ?
HA, HA !
DOGGY EST MALIN. ON VERRA COMMENT IL RESSORTIRA.
IL DOIT SOUFFRIR.. PAUVRE DOGGY !

SI ON REGARDAIT OÙ SE TROUVE DOGGY MAINTENANT ? JE LUI AI IMPLANTÉ UNE PUCE, QUI ME PERMET DE LE REPÉRER OÙ QU'IL SOIT.
QUOI ? TU VEUX REGARDER L'INTÉRIEUR DE MON VENTRE ?
CE NE SERA PAS LA PREMIÈRE FOIS !
CHAQUE FOIS, C'EST COMME SI J'ÉTAIS TOUT NU.
C'EST LE MEILLEUR MOYEN DE COMPRENDRE LA DIGESTION.
Peuh...
MAIS QUI NE CONNAÎT PAS LA DIGESTION ?
J'AI AVALÉ DOGGY COMME UN GOINFRE, MAIS JE NE SUIS PAS UN IMBÉCILE POUR AUTANT.
DANS CE CAS-LÀ, DIS-MOI CE QU'EST LA DIGESTION.
LA DIGESTION, C'EST... EUH... CE N'EST PAS ÉVIDENT À EXPLIQUER.
JE M'Y ATTENDAIS. REGARDE, LES ALIMENTS QUE TU MANGES SONT TROP GROS POUR POUVOIR PASSER DANS LA MEMBRANE CELLULAIRE.
IL FAUT DONC BROYER LES ALIMENTS EN TOUT PETITS MORCEAUX, COMME ÇA.
TCHAC!
TCHAC!

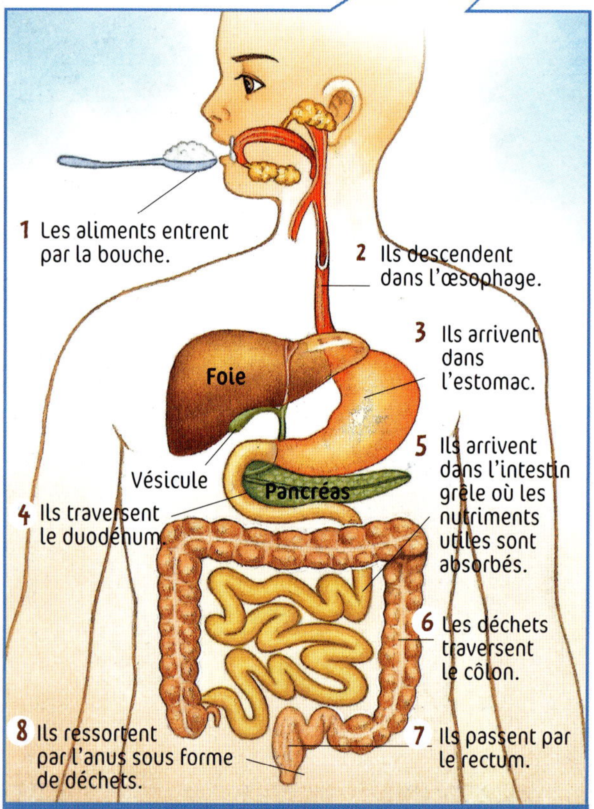

PROCESSUS D'ABSORPTION DES ALIMENTS

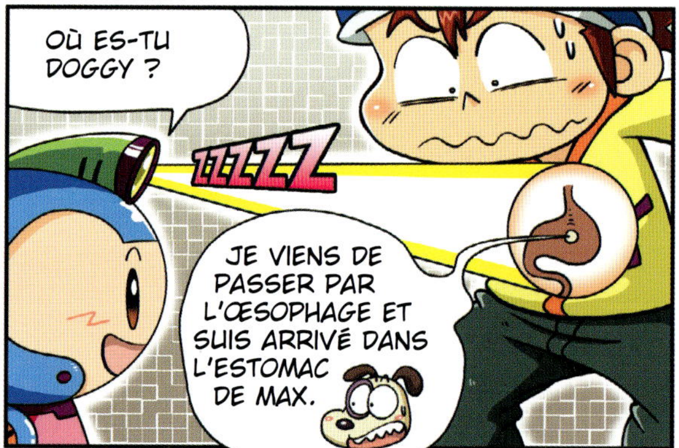

QUELLE EST LA TAILLE DE L'ESTOMAC ?

L'estomac est l'organe le plus volumineux. Il a la forme d'une poche. Il fait la taille d'une de tes chaussures.

La bouche et l'œsophage

BOUCHE

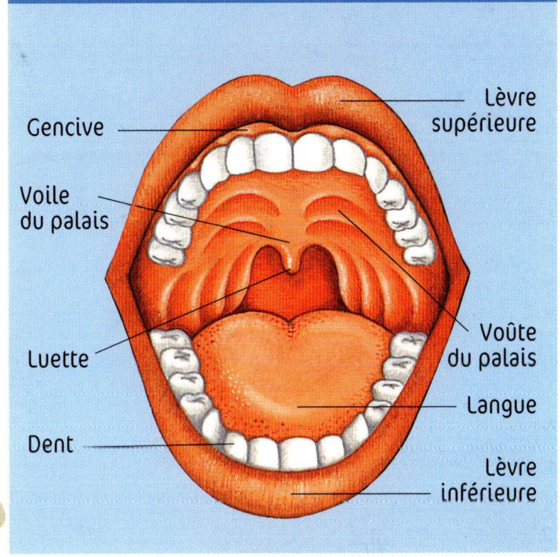

MOUVEMENT PÉRISTALTIQUE DE L'ŒSOPHAGE

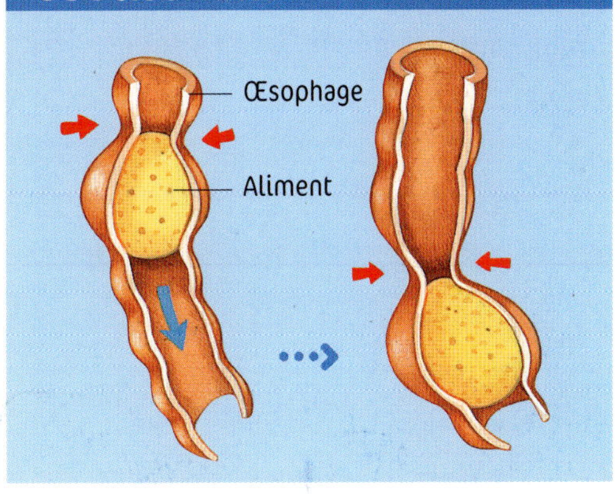

L'estomac

STRUCTURE ET FONCTION DE L'ESTOMAC

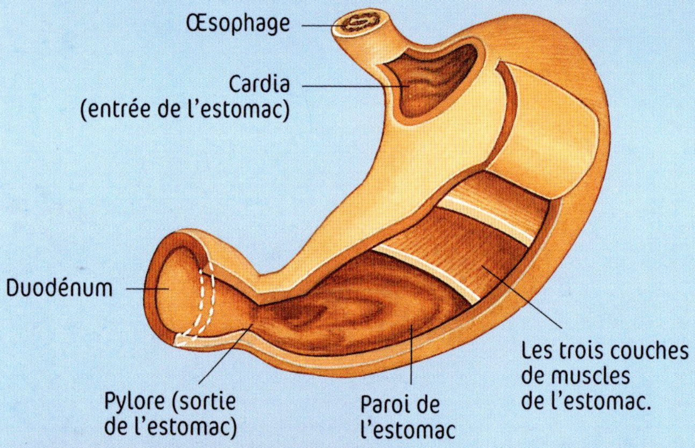

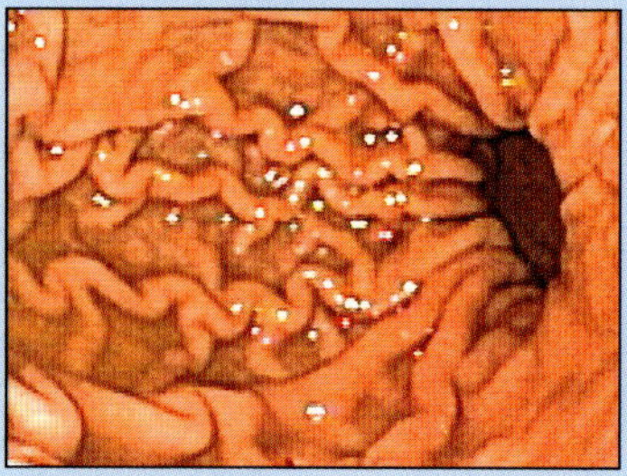

La paroi de l'estomac

La paroi de l'estomac, dont la surface est granuleuse, est recouverte d'une fine couche de muqueuse et de sous-muqueuse.

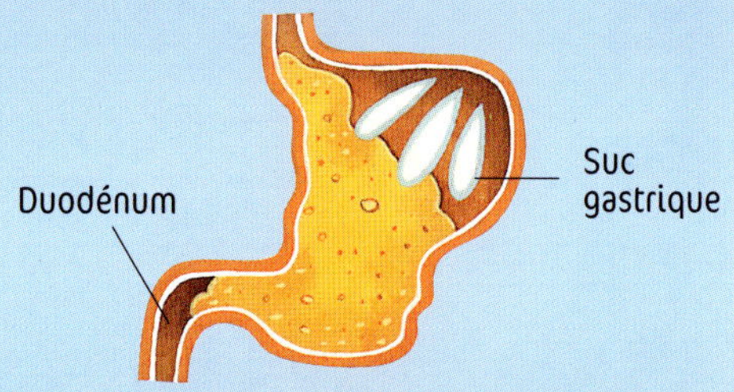

L'estomac sécrète le suc gastrique qui dissout les aliments.

La paroi de l'estomac tremble pour que le suc gastrique soit bien mélangé aux aliments.

Le duodénum

DUODÉNUM ET SUCS DIGESTIFS

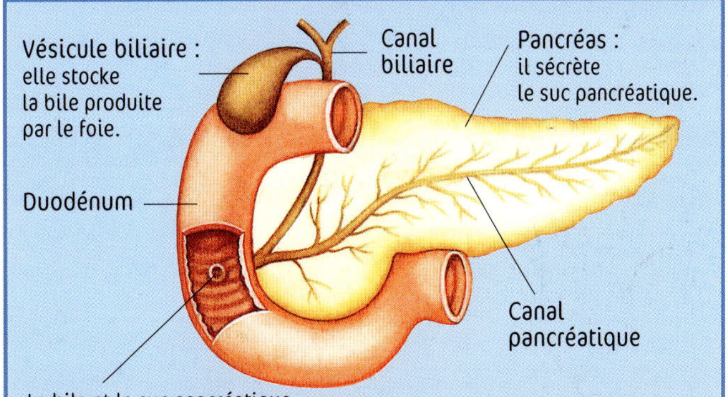

La bile et le suc pancréatique sortent du canal de la vésicule biliaire et du pancréas.

L'intestin grêle

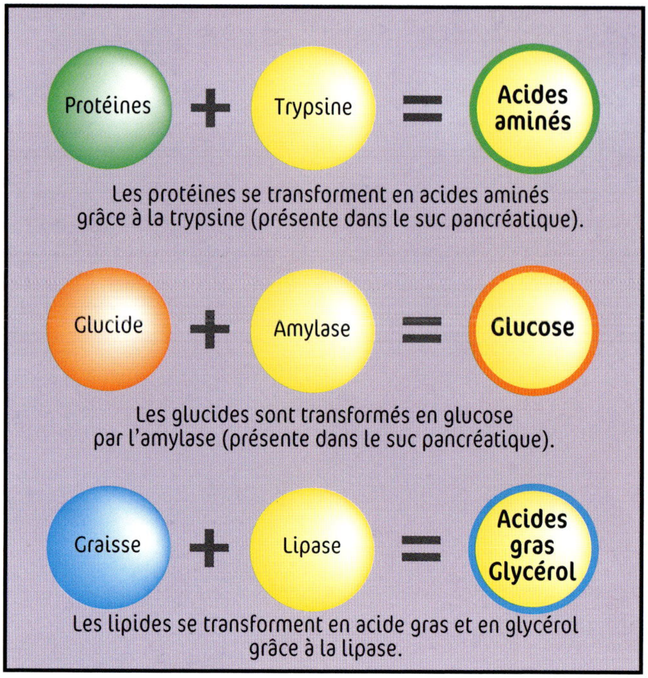

STRUCTURE DE L'INTESTIN GRÊLE

La paroi de l'intestin grêle présente beaucoup de replis et elle est tapissée d'environ 5 millions de villosités.

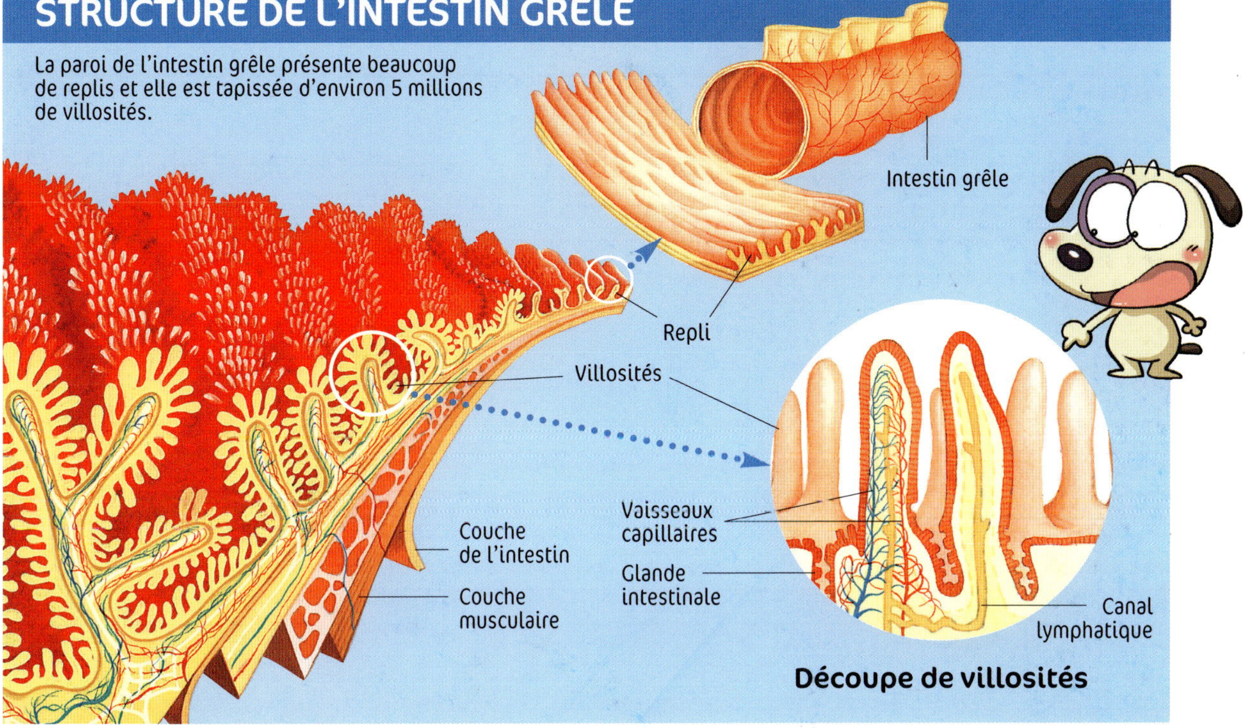

Découpe de villosités

REGARDEZ, DOGGY EST EN TRAIN DE SE DÉPLACER VERS LE CÔLON AVEC LES AUTRES NUTRIMENTS QUI N'ONT PAS ÉTÉ ABSORBÉS PAR L'INTESTIN GRÊLE.
AH, OUI ! JE LE VOIS !
ZZZZZ
ARRÊTEZ DE REGARDER ! C'ES DÉSAGRÉABLE.

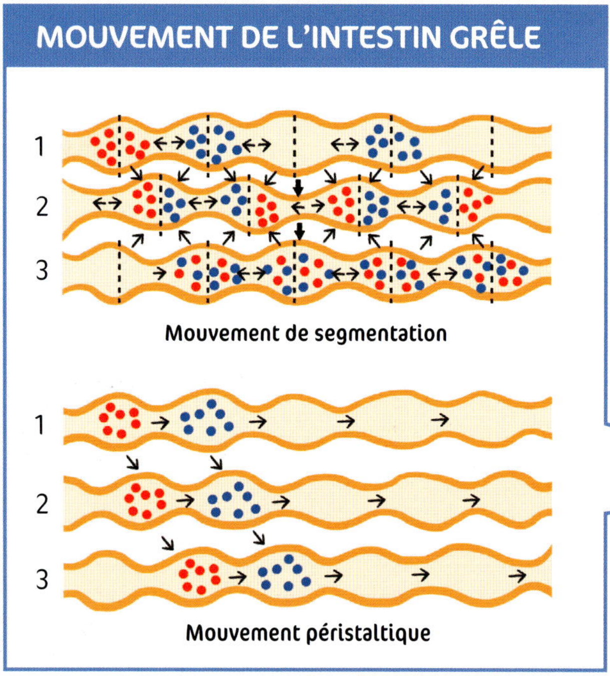
MOUVEMENT DE L'INTESTIN GRÊLE
1
2
3
Mouvement de segmentation
1
2
3
Mouvement péristaltique

LAISSE-NOUS REGARDER. LE MOUVEMENT DE SEGMENTATION CONSISTE À MÉLANGER LE LIQUIDE INTESTINAL AVEC LES NUTRIMENTS.
LE RESTE DES NUTRIMENTS EST ENVOYÉ AU CÔLON PAR LE MOUVEMENT PÉRISTALTIQUE.
BIP !

AU REVOIR, INTESTIN GRÊLE !
ÇA SENT MAUVAIS TOUS CES DÉCHETS D'ALIMENTS !
POUAH ! L'ODEUR EST TROP FORTE !

STRUCTURE DU FOIE

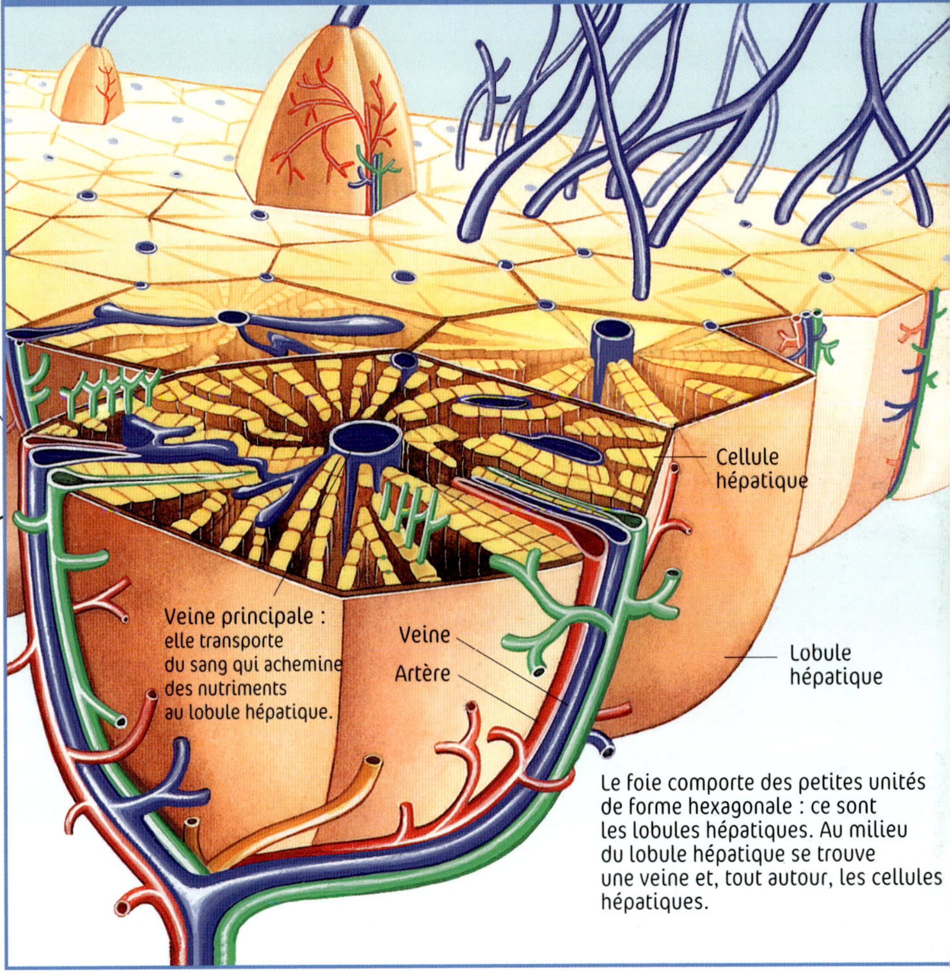

Le foie comporte des petites unités de forme hexagonale : ce sont les lobules hépatiques. Au milieu du lobule hépatique se trouve une veine et, tout autour, les cellules hépatiques.

CE FOIE DÉTRUIT ÉGALEMENT LES VIEUX GLOBULES ROUGES.
PAF !
IL FABRIQUE AUSSI DE L'URÉE, LE COMPOSANT DE L'URINE.
LE FOIE FAIT TOUT CE TRAVAIL ?
C'EST PEUT-ÊTRE POUR ÇA QUE LE FOIE EST AUSSI GRAND. C'EST LE PLUS GRAND ORGANE DU CORPS HUMAIN ET IL PÈSE 1,5 KG.
OH, LÀ, LÀ ! JE N'OSE PAS IMAGINER LA TAILLE DU FOIE DE QUELQU'UN QUI MANGE ÉNORMÉMENT...
OBSERVONS MAINTENANT LE PANCRÉAS !
FOIE ET PANCRÉAS
Veine hépatique
Foie
Artère hépatique
Veine porte
Canal biliaire
Canal pancréatique
Vésicule biliaire
Pancréas
Duodénum
Le pancréas exocrine envoie le suc pancréatique au duodénum.
Les îlots de Langerhans qui sécrètent de l'insuline.
Cellule fabriquant des enzymes et du liquide alcalin.
LE SUC GASTRIQUE EST UN ACIDE PUISSANT.
PCHHH !
Aliment
Suc gastrique
LE PANCRÉAS SÉCRÈTE DU BICARBONATE DE SODIUM POUR NEUTRALISER LES ALIMENTS ACIDIFIÉS PAR LE SUC GASTRIQUE.

Le côlon

STRUCTURE DU CÔLON

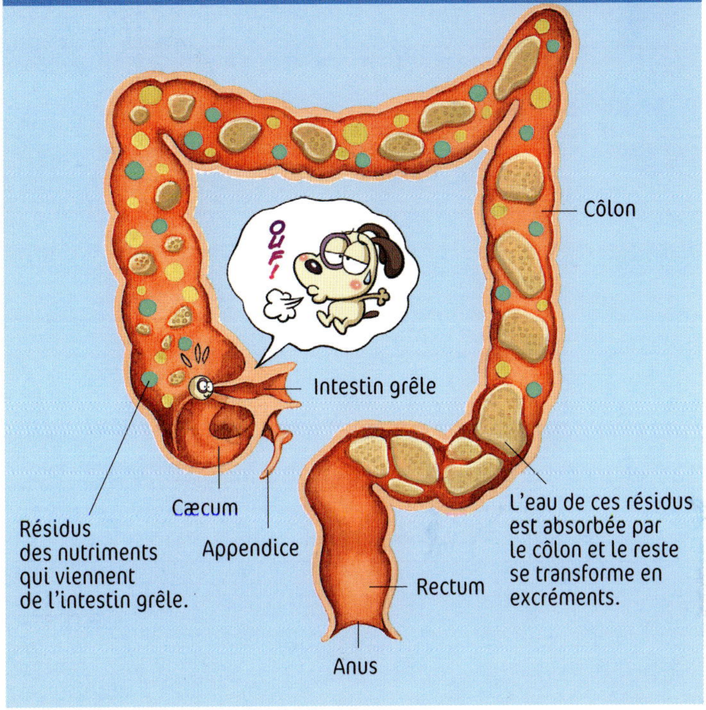

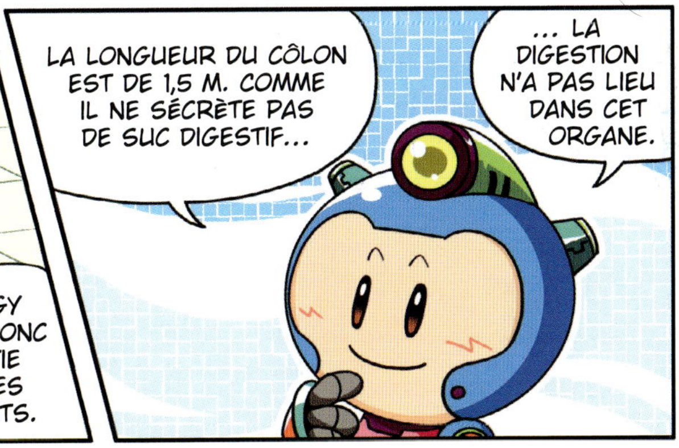

J'AI ENVIE DE FAIRE CACA.
JE ME DISAIS BIEN QUE ÇA COMMENÇAIT À SENTIR MAUVAIS.
LES BEIGNETS SE SONT DÉJÀ TRANSFORMÉS EN EXCRÉMENTS ?
HA ! HA ! NON, ÇA NE SE FAIT PAS AUSSI RAPIDEMENT.
LES RÉSIDUS D'ALIMENTS RESTENT DANS LE CÔLON PENDANT NEUF À SEIZE HEURES.
POURTANT, J'AI ENVIE DE FAIRE CACA MAINTENANT.
CE QUE TU AS MANGÉ HIER.
ALORS, QU'EST-CE QUI VA SORTIR MAINTENANT ?
MÊME SI TU NE MANGES RIEN, TU VAS À LA SELLE.
MAIS JE N'AI PAS MANGÉ GRAND-CHOSE HIER, PARCE QUE J'AVAIS MAL AU VENTRE.
OH, LÀ, LÀ, ÇA ARRIVE !
CLAP ! CLAP ! CLAP !
LES SUCS DIGESTIFS, LES BACTÉRIES ET LES CELLULES MORTES SE TRANSFORMENT EN EXCRÉMENTS.
D'ACCORD, ON EN PARLERA PLUS TARD.
DÉPÊCHE-TOI. TU SENS MAUVAIS.
J'ESPÈRE QU'IL ARRIVERA AUX TOILETTES À TEMPS.

QU'EST-CE QUE L'APPENDICITE ?

À l'extrémité du cæcum se trouve un appendice en forme de poche, long de 8 cm environ. L'inflammation du cæcum ou de l'appendice, dûe à des bactéries, provoque une douleur aigüe dans le ventre : c'est ce que l'on appelle l'appendicite.

PRÈS DE L'ANUS SE TROUVE UN MUSCLE LISSE APPELÉ "SPHINCTER INTERNE".
UN MUSCLE SE TROUVE ÉGALEMENT ENTRE L'ANUS ET LA PEAU.
STRUCTURE DU RECTUM
Rectum
Sphincter interne
Sphincter externe
C'EST UN MUSCLE STRIÉ, APPELÉ "SPHINCTER EXTERNE".
HAN !
UNE FOIS QUE LES RÉSIDUS D'ALIMENTS SONT ENVOYÉS AU RECTUM, LES SPHINCTERS S'ACTIVENT POUR OUVRIR ET FERMER L'ANUS.
LES NERFS DES SPHINCTERS STIMULENT LA MOELLE ÉPINIÈRE, CE QUI NOUS DONNE ENVIE D'ALLER À LA SELLE.
J'ai envie d'aller aux toilettes ...
À CE MOMENT-LÀ, ON CONTRACTE LES SPHINCTERS ET C'EST CE QUE L'ON APPELLE LE RÉFLEXE RECTO-ANAL.
CE RÉFLEXE PROVOQUE UN RELÂCHEMENT DU SPHINCTER, CE QUI OUVRE L'ANUS.
AH ! J'AI FINI !
JE ME SENS MIEUX !
TU POURRAIS AU MOINS FERMER TA BRAGUETTE !

NON !
VLAM !
LA HONTE !
MAIS OÙ VAS-TU ? ON A DÉJÀ TOUT VU.
IL PORTE UN SLIP ROSE !
OUPS ! PROFITES-EN POUR TE LAVER LES MAINS, PUISQUE TU RETOURNES AUX TOILETTES.
POURQUOI DOIT-ON SE LAVER LES MAINS CHAQUE FOIS QU'ON VA AUX TOILETTES ?
DANS LE CÔLON, IL Y A BEAUCOUP DE BACTÉRIES, APPELÉES COLIBACILLES.
LES COLIBACILLES DÉCOMPOSENT LES ALIMENTS DURS ET, PARFOIS, ILS SORTENT DU CORPS, MÉLANGÉS AUX SELLES.
DANS UN GRAMME DE SELLES D'UN ADULTE, ON TROUVE ENTRE 10 ET 100 MILLIARDS DE COLIBACILLES.
10 milliards de colibacilles
LES COLIBACILLES NE NUISENT PAS PARTICULIÈREMENT À LA SANTÉ, MAIS ILS PEUVENT PROVOQUER LA DIARRHÉE.
ENTENDU. JE ME LAVERAI LES MAINS SANS FAUTE.
Encore la diarrhée ! Je retourne aux toilettes !

PROCESSUS DE DIGESTION ET D'ABSORPTION DES ALIMENTS

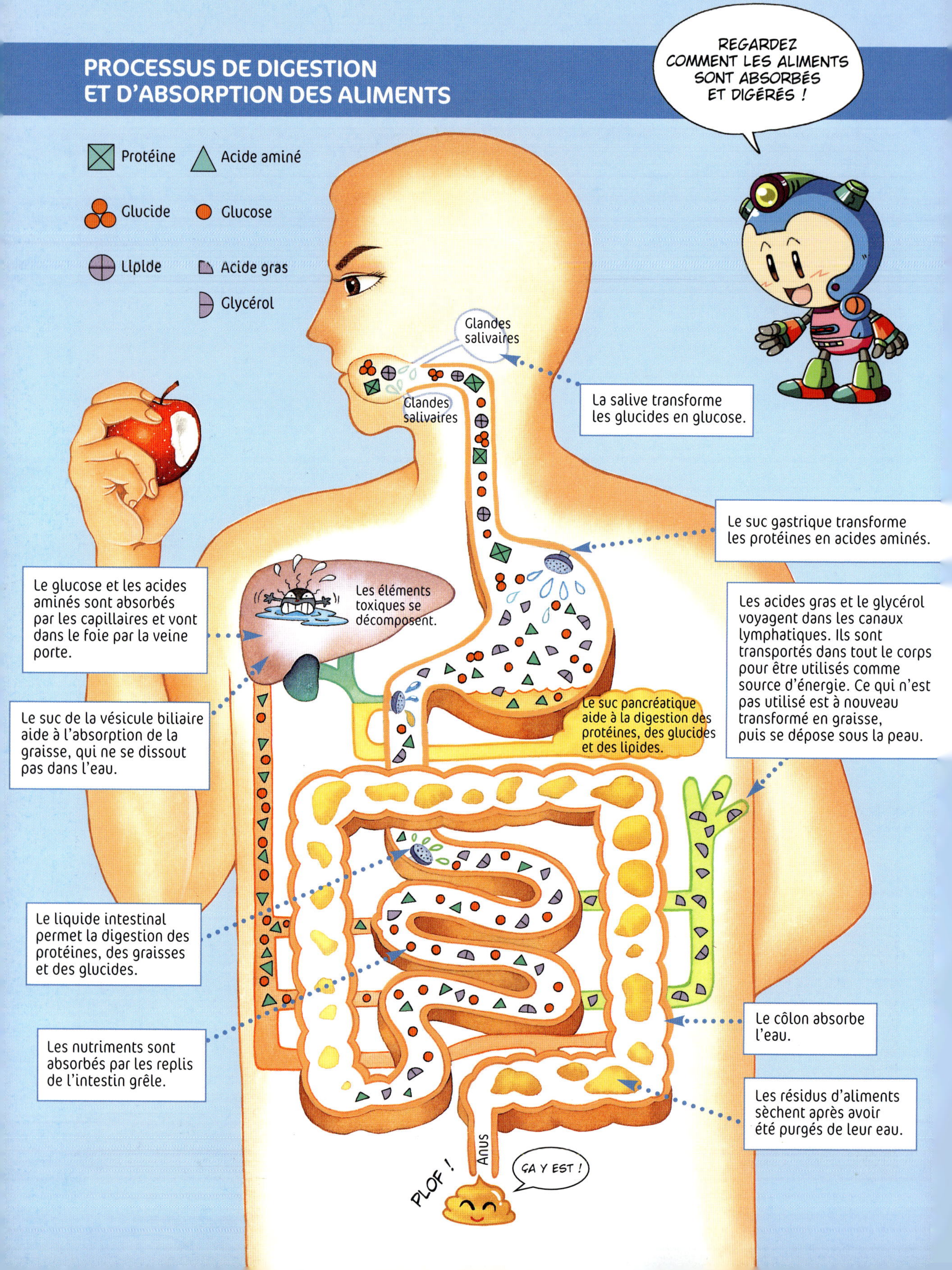

LE SYSTÈME EXCRÉTOIRE

Les reins

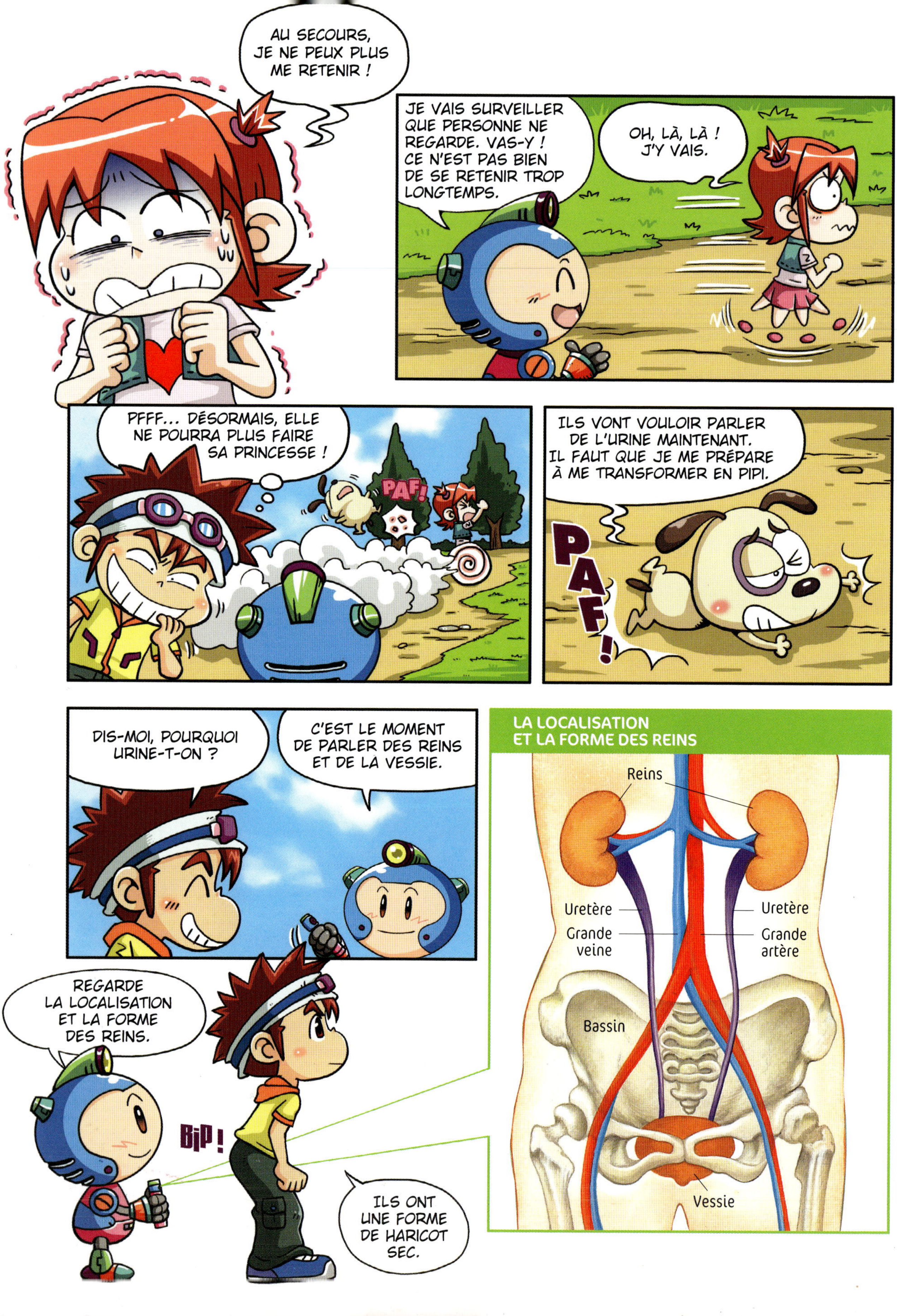

AU SECOURS, JE NE PEUX PLUS ME RETENIR !
JE VAIS SURVEILLER QUE PERSONNE NE REGARDE. VAS-Y ! CE N'EST PAS BIEN DE SE RETENIR TROP LONGTEMPS.
OH, LÀ, LÀ ! J'Y VAIS.
PFFF... DÉSORMAIS, ELLE NE POURRA PLUS FAIRE SA PRINCESSE !
PAF !
ILS VONT VOULOIR PARLER DE L'URINE MAINTENANT. IL FAUT QUE JE ME PRÉPARE À ME TRANSFORMER EN PIPI.
PAF !
DIS-MOI, POURQUOI URINE-T-ON ?
C'EST LE MOMENT DE PARLER DES REINS ET DE LA VESSIE.
REGARDE LA LOCALISATION ET LA FORME DES REINS.
BIP !
ILS ONT UNE FORME DE HARICOT SEC.
LA LOCALISATION ET LA FORME DES REINS
Reins
Uretère
Uretère
Grande veine
Grande artère
Bassin
Vessie

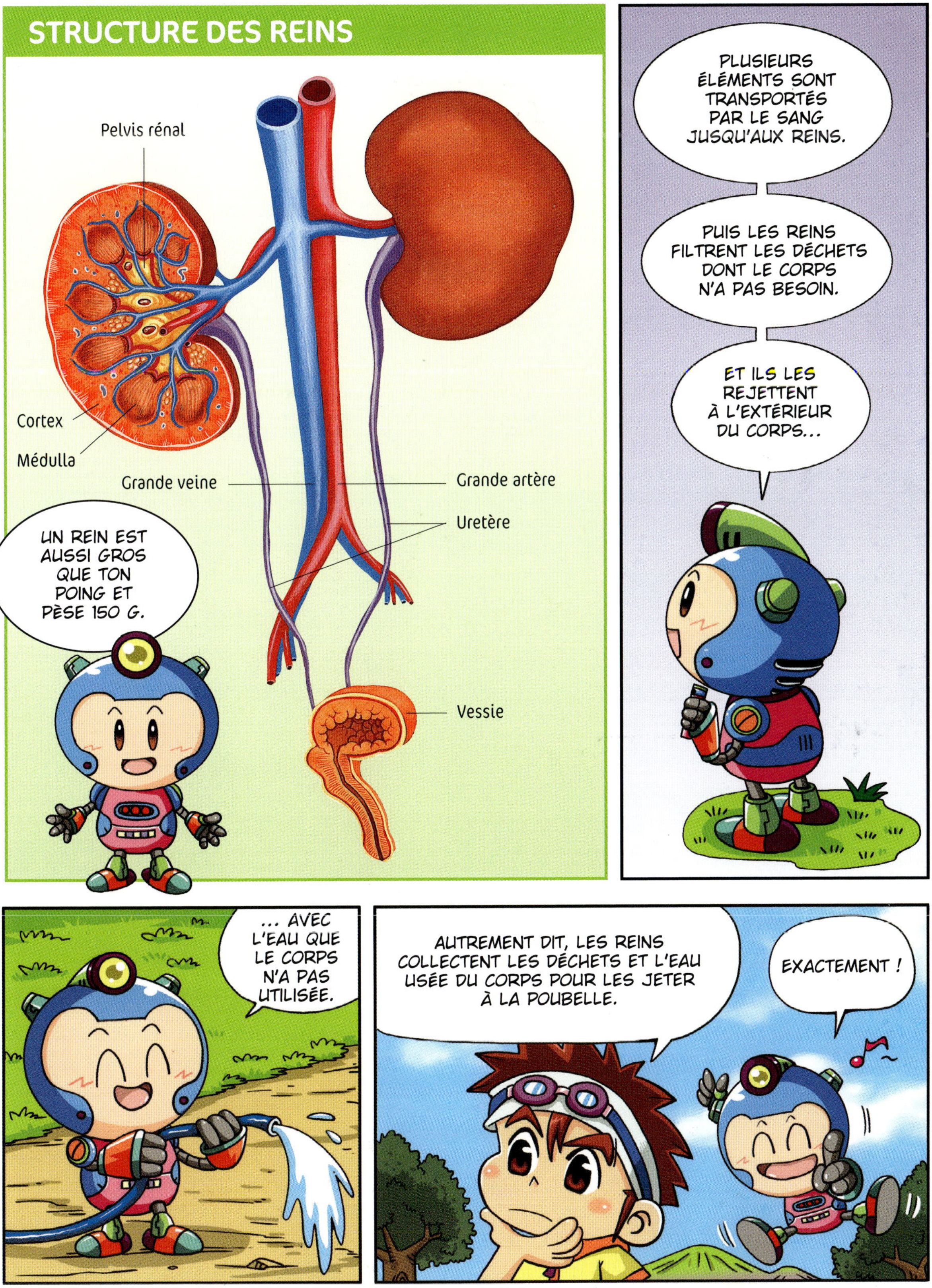

STRUCTURE DES REINS
Pelvis rénal
Cortex
Médulla
Grande veine
Grande artère
Uretère
Vessie
UN REIN EST AUSSI GROS QUE TON POING ET PÈSE 150 G.
PLUSIEURS ÉLÉMENTS SONT TRANSPORTÉS PAR LE SANG JUSQU'AUX REINS.
PUIS LES REINS FILTRENT LES DÉCHETS DONT LE CORPS N'A PAS BESOIN.
ET ILS LES REJETTENT À L'EXTÉRIEUR DU CORPS...
... AVEC L'EAU QUE LE CORPS N'A PAS UTILISÉE.
AUTREMENT DIT, LES REINS COLLECTENT LES DÉCHETS ET L'EAU USÉE DU CORPS POUR LES JETER À LA POUBELLE.
EXACTEMENT !

FONCTION DES REINS

Régulation du liquide organique

Les reins régulent la quantité d'eau et de sel de notre corps pour que le liquide organique ne devienne ni acide ni alcalin.

Élimination des déchets

Les reins éliminent les déchets de l'organisme. Le sang est filtré et purifié quand il passe dans les reins. Ces derniers renvoient le sang purifié et jettent ses déchets.

Régulation de la tension

Les reins sécrètent des substances nécessaires à la régulation de la tension. La tension augmente si les reins ne sont pas en bonne santé.

Stimulation de la production du sang

Les reins sécrètent des hormones nécessaires à la production du sang. Ils permettent de maintenir la quantité de globules rouges, ce qui prévient l'anémie.

Régulation du métabolisme

Les reins activent les vitamines D, qui permettent d'avoir des os solides. Ils jouent ainsi un rôle dans l'absorption du calcium.

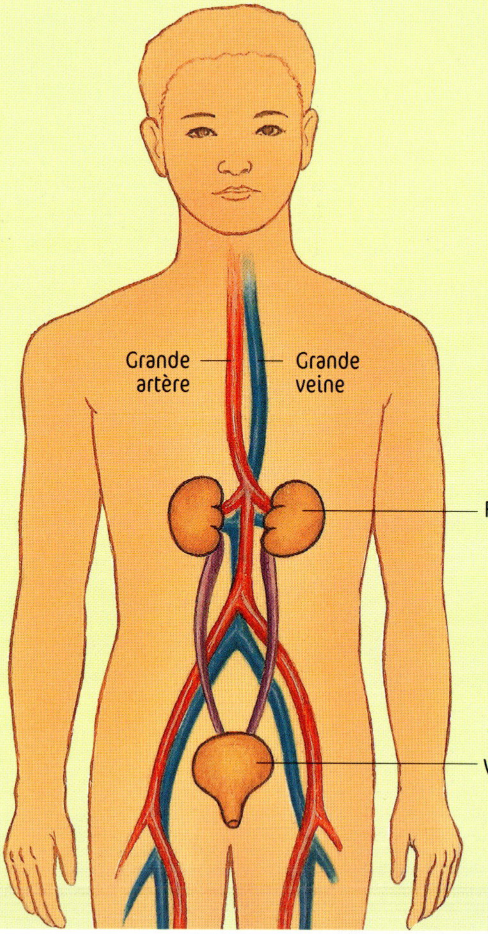

AH, JE ME SENS MIEUX !
PUISQUE VOUS VENEZ DE REJETER VOS DÉCHETS ET L'EAU INUTILE...
... VOUS DEVEZ VOUS SENTIR BEAUCOUP PLUS LÉGÈRE, MAJESTÉ !
QUOI ?
ARRÊTEZ ET REGARDEZ LÀ !
Vessie remplie d'urine
JE VAIS EXPLOSER !
Vessie vide
JE ME SENS LÉGÈRE !
ÇA DÉPEND DE LA PERSONNE, MAIS LA VESSIE D'UN ADULTE PEUT CONTENIR ENTRE 500 ET 800 ML D'URINE.
TANT QUE ÇA ? ÇA FAIT DEUX CANETTES DE SODA.
C'EST POUR ÇA QUE, QUAND MAX FAISAIT PIPI AU LIT, ÇA TREMPAIT SES DRAPS.
POURQUOI TU RESSORS DES ANECDOTES DE MON ENFANCE ?
HUM... ENFANCE... PAS VRAIMENT !
OUI, JE CROIS MÊME QUE ÇA DATE D'HIER.

URINE PRIMITIVE

L'urine primitive est composée de déchets et d'eau obtenus par la filtration du sang au niveau du glomérule rénal. 150 à 200 litres d'urine primitive sont produits chaque jour. 99 % de cette urine est réabsorbée à travers les capillaires du tubule rénal et seul 1 % est excrété sous forme d'urine. La quantité d'urine excrétée chaque jour varie entre 1 et 1,5 litre, mais elle augmente si on est inquiet ou sous pression.

Les glandes sudoripares
QUELLE CHALEUR ! JE DÉTESTE TRANSPIRER.
AVEC MES POILS, J'AI ENCORE PLUS CHAUD.
TU DEVRAIS REMERCIER LA SUEUR, AU LIEU DE LA DÉTESTER.
MÊME SI ÇA ME REND TOUTE COLLANTE ET QUE ÇA SENT MAUVAIS ?
ON TRANSPIRE QUAND IL FAIT CHAUD OU QUAND ON FAIT DU SPORT...
... POUR RÉGULER LA TEMPÉRATURE DU CORPS.
SI ON NE TRANSPIRAIT PAS, LA TEMPÉRATURE DU CORPS CONTINUERAIT À AUGMENTER. LA SUEUR NOUS REFROIDIT DONC ET PERMET AINSI DE MAINTENIR UNE TEMPÉRATURE NORMALE.
LA SUEUR SE CHARGE ÉGALEMENT D'ÉLIMINER LES DÉCHETS À L'EXTÉRIEUR DU CORPS.
MAIS OÙ EST-ELLE FABRIQUÉE ?
Sueur + déchets
ELLE EST PRODUITE PAR DES GLANDES SUDORIPARES SITUÉES DANS LA PEAU.
Épiderme
Derme
Hypoderme
Poil
Muscle du poil
Glande sudoripare
Racine du poil
Glande sébacée
PLUS ON A CHAUD, PLUS LES GLANDES SUDORIPARES EXCRÈTENT DE LA SUEUR À L'EXTÉRIEUR DU CORPS.

PUISQUE L'ON TRANSPIRE, ON PEUT MAINTENIR LA TEMPÉRATURE DU CORPS À 36,5 °C.
36.5°C
ALORS, IL FAUDRAIT TRANSPIRER PLUS EN ÉTÉ...
... POUR MIEUX ÉVACUER LES DÉCHETS DU CORPS ET LE RAFRAÎCHIR.
VOUS N'AVEZ PAS BESOIN DE FAIRE D'EFFORTS. CELA SE FAIT NATURELLEMENT.
PAR CONTRE, QUAND IL FAIT FROID, LES NERFS STIMULÉS REFERMENT LES PORES...
... POUR EMPÊCHER L'ÉVACUATION DE LA SUEUR.
GLANDE SUDORIPARE
FERME LES PORTES ! IL FAIT FROID !
C'EST POUR ÇA QUE LES POILS SE DRESSENT SUR LA PEAU QUAND IL FAIT FROID.
LÀ, ILS SONT ABAISSÉS, PUISQU'IL FAIT CHAUD.
JE MEURS DE CHAUD !
FFF
FFF
FFF
FFF
QU'EST-CE QU'IL A DOGGY ?
FFFF FFFF
LES GLANDES SUDORIPARES DES CHIENS SE SITUENT DANS LES COUSSINETS DES PATTES. C'EST POUR ÇA QU'ILS RÉGULENT LEUR TEMPÉRATURE INTERNE PAR LA BOUCHE.
VISIBLEMENT, L'ÉTÉ EST DUR MÊME POUR UN CHIEN ROBOT !
TU ES ADORABLE, LÉA.

LE CŒUR ET LE SANG

STRUCTURE DU CŒUR

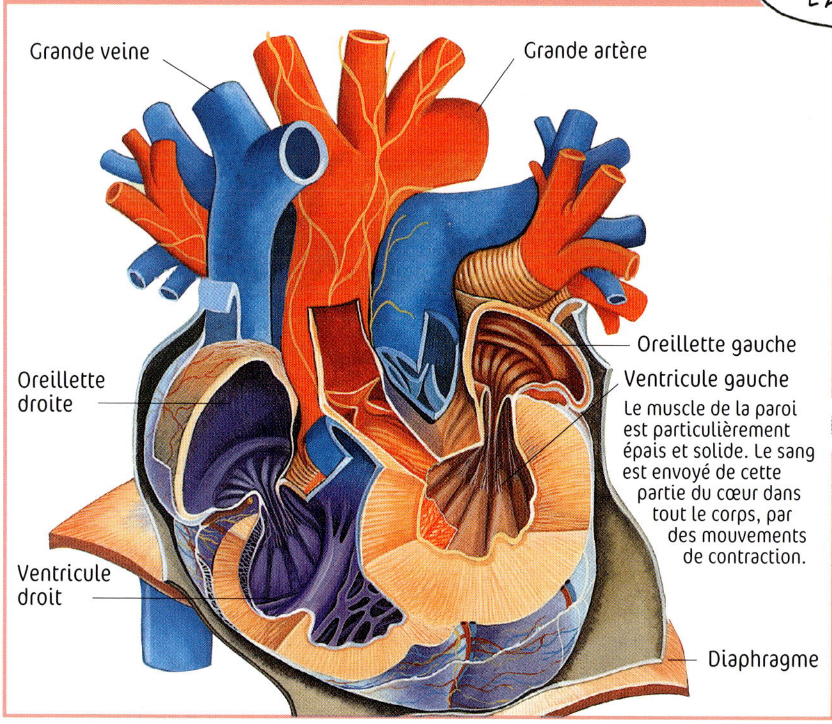

CIRCULATION SANGUINE

LE MOTEUR DE LA CIRCULATION SANGUINE EST LE MOUVEMENT DE CONTRACTION DU CŒUR. IL EXISTE DEUX TYPES DE CIRCULATIONS : LA CIRCULATION PULMONAIRE ET LA CIRCULATION SYSTÉMIQUE. LA CIRCULATION PULMONAIRE EST ÉGALEMENT APPELÉE " LA PETITE CIRCULATION ", CAR LE SANG CIRCULE ENTRE LE CŒUR ET LES POUMONS. LA CIRCULATION SYSTÉMIQUE EST LA " GRANDE CIRCULATION ", PARCE QUE LE SANG CIRCULE DANS TOUT LE CORPS.

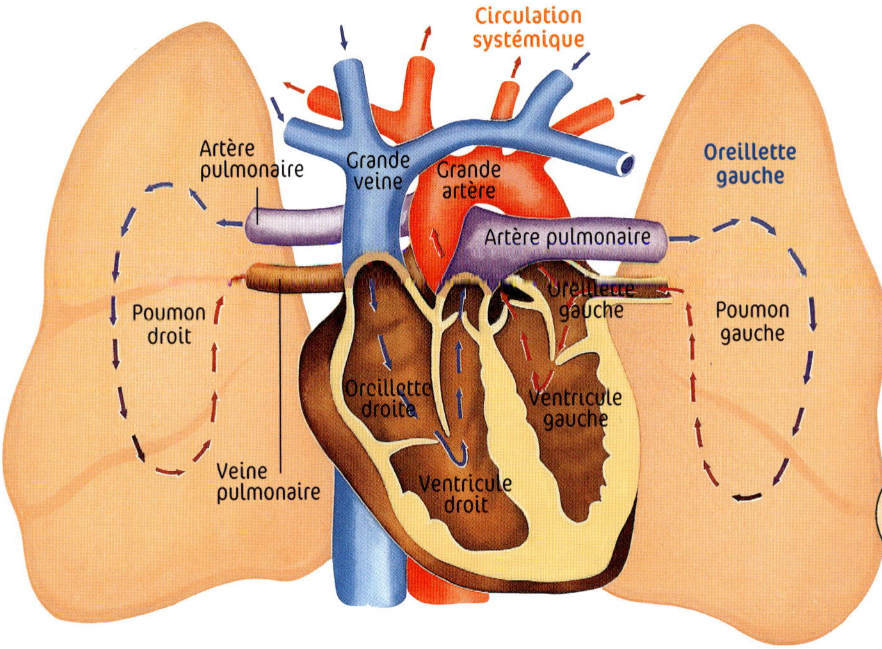

Circulation pulmonaire (petite circulation)

Ventricule droit ➡ artère pulmonaire ➡ poumon (échange d'oxygène et de dioxyde de carbone) ➡ veine pulmonaire ➡ oreillette gauche

Circulation systémique (grande circulation)

Ventricule gauche (d'où le sang est envoyé dans tout le corps) ➡ grande artère ➡ artère ➡ petite artère ➡ capillaires (transport du sang dans tous les organes) ➡ petite veine ➡ veine ➡ grande veine ➡ oreillette droite (retour du sang qui a circulé dans tout le corps)

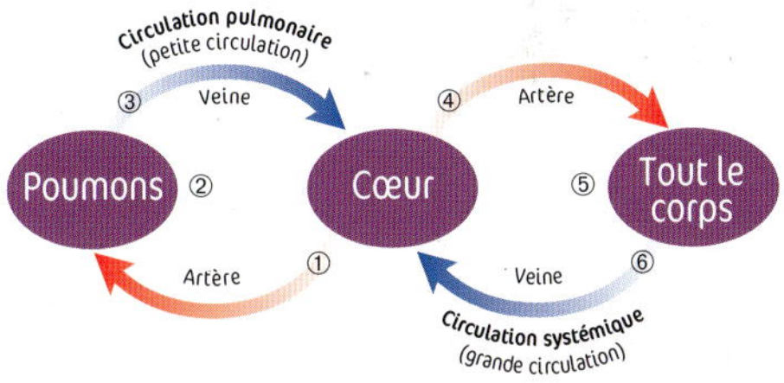

LES DIFFÉRENTS VAISSEAUX SANGUINS

Les vaisseaux sanguins de tous les vertébrés, y compris les hommes, sont composés d'artères, de veines et de capillaires.

ARTÈRE

Le sang, qui sort du cœur grâce aux battements, coule dans l'artère. La paroi de l'artère est épaisse et solide, pour supporter la pression. Beaucoup de muscles lisses se trouvent dans cette paroi ; ils permettent de réguler la vitesse et le flux du sang.

VEINE

Son rôle est de collecter le sang des différents organes et de le renvoyer au cœur. La paroi de la veine est très fine et il y a peu de muscles lisses. On y trouve des valvules dans certaines parties pour empêcher la circulation du sang à l'envers.

CAPILLAIRES

Ils tissent un réseau qui relie les artères aux veines. L'épaisseur des capillaires n'est que d'un centième de millimètre. C'est à leur niveau que se font les échanges cellulaires d'oxygène et de dioxyde de carbone, et que les cellules évacuent leurs déchets.

LES POUMONS ET LE CŒUR TRAVAILLENT DONC ENSEMBLE.
OUI, ET C'EST POUR ÇA QU'ILS SONT ATTACHÉS, COMME LÉA ET TOI.
COLLABORATION
COLLABORATION
Poumon
Poumon
Cœur
ARRÊTE DE RACONTER DES BÊTISES ET PARLE-MOI DU POULS ET DES BATTEMENTS DU CŒUR.
LE MOUVEMENT RÉGULIER DES OREILLETTES ET DES VENTRICULES PRODUIT LES BATTEMENTS DU CŒUR.
GRRRR...
QUAND LE CŒUR SE CONTRACTE POUR ENVOYER DU SANG DANS LA GRANDE ARTÈRE, ELLE SE DILATE SOUS LA PRESSION QU'ELLE VIENT DE RECEVOIR. C'EST CETTE DILATATION DE L'ARTÈRE QUE L'ON APPELLE LE POULS.
IL FAUT QUE LE CŒUR BATTE POUR QU'IL Y AIT UN POULS. ALORS LE NOMBRE DE BATTEMENTS DU CŒUR EST IDENTIQUE À CELUI DU POULS ?
EXACTEMENT ! LE POULS D'UN ENFANT EST PLUS RAPIDE QUE CELUI D'UN ADULTE.
CHAQUE JOUR, LE CŒUR TRAVAILLE AUTANT QUE SI ON POMPAIT DE L'EAU POUR REMPLIR UN RÉSERVOIR D'UNE CONTENANCE D'ENVIRON 15 000 LITRES.
C'EST ÉNORME !
15 000 LITRES
MAIS POURQUOI LE SANG DOIT-IL CIRCULER ENTRE TOUS LES ORGANES ?
UN, DEUX !
UN, DEUX !
POUR QU'UN ORGANE BOUGE, IL A BESOIN D'OXYGÈNE ET DE NUTRIMENTS.

COMPOSITION DU SANG

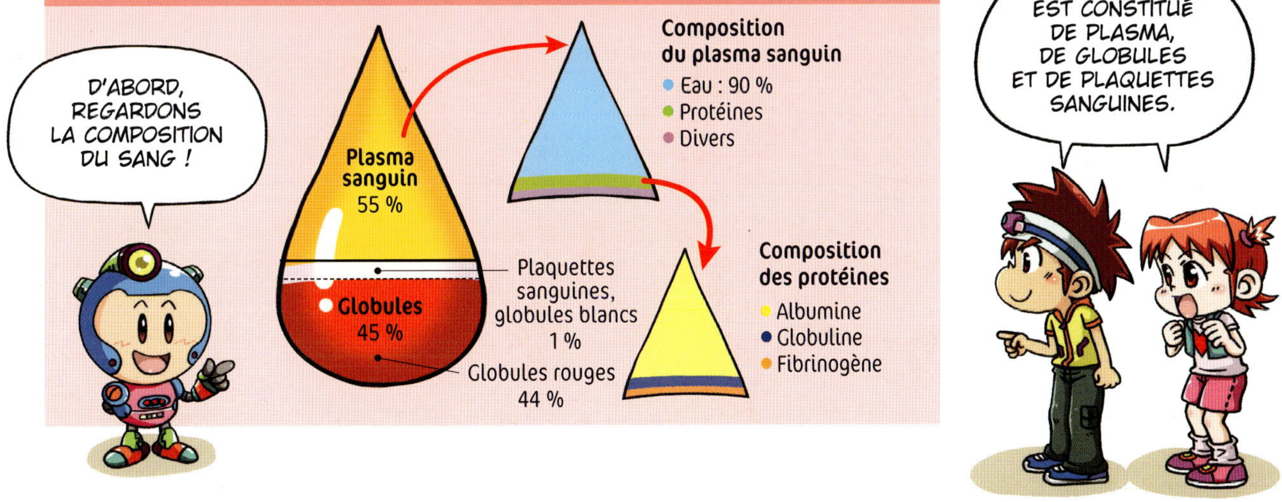

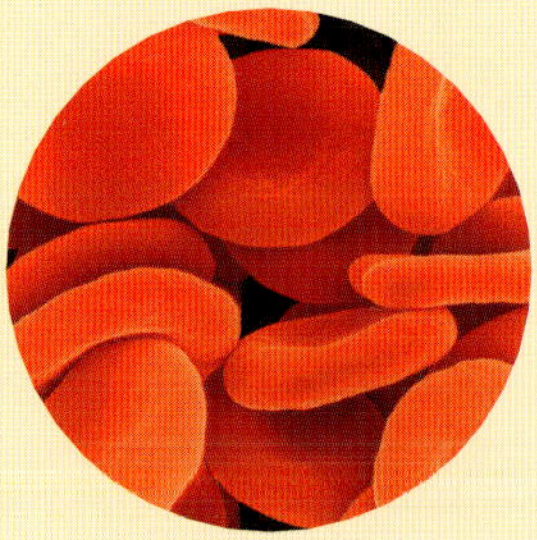

Globule rouge (cellule sanguine rouge)

Il est produit par la moelle osseuse. L'hémoglobine, qui transporte de l'oxygène, se trouve dans les globules rouges.

Globule blanc (cellule sanguine blanche)

Il est constitué d'un noyau de forme irrégulière. Il est plus gros qu'un globule rouge. Son espérance de vie est courte.

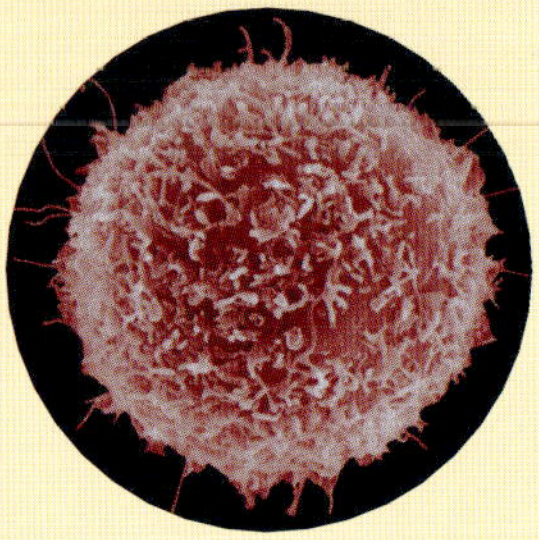

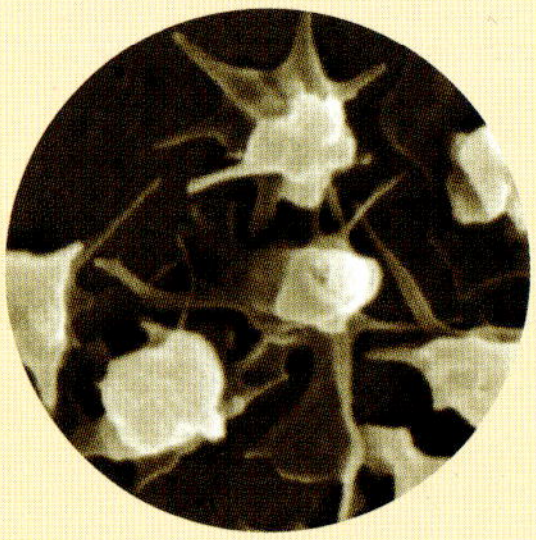

Plaquette sanguine

Elle est composée de petits fragments de cellules produites par la moelle osseuse. Elle n'a pas de noyau. Elle fait le quart de la taille d'un globule rouge et vit dix jours.

Plasma

De couleur jaunâtre, sa consistance ressemble à l'eau. Il transporte des nutriments dans les tissus du corps entier, se charge d'éliminer des déchets et de maintenir la pression osmotique.

VOUS SAVEZ QUOI ? LES GLOBULES ONT UNE DURÉE DE VIE DÉTERMINÉE.
COMMENT ?
ILS FINISSENT DONC PAR MOURIR UN JOUR.
SI LES GLOBULES MEURENT, ON MEURT AUSSI ?
CE N'EST PAS POSSIBLE. ÇA NE VA QUAND MÊME PAS NOUS TUER...
SNIF !
LÉA A RAISON. TU NE MEURS PAS, MÊME APRÈS LA MORT DES GLOBULES.
POURQUOI MEURENT-ILS ?
LA PLAQUETTE SANGUINE MEURT EN SOIGNANT DES BLESSURES ET LES GLOBULES BLANCS MEURENT PUIS SE TRANSFORMENT EN PUS APRÈS AVOIR AVALÉ DES BACTÉRIES.
LES GLOBULES ROUGES MEURENT DANS LE FOIE ET DANS LA RATE.
PARMI LES GLOBULES ROUGES DÉTRUITS, CERTAINS SORTENT DU CORPS SOUS FORME DE SELLES.
ALORS, ÇA Y EST, VOUS AVEZ TOUT COMPRIS ?

AÏE ! JE ME SUIS FAIT PIQUER PAR UN MOUSTIQUE !
Gloup
Gloup
IL A OSÉ BOIRE MON SANG. C'EST IMPARDONNABLE !
JE N'EN AI PAS PRIS BEAUCOUP...
TU ME VOLES DU SANG, ALORS QUE JE N'EN AI DÉJÀ PAS BEAUCOUP !
OH, LÀ, LÀ ! J'AI LA TÊTE QUI TOURNE...
TU EXAGÈRES ! TU NE RISQUES PAS DE MANQUER DE SANG !
LE CORPS HUMAIN CONTIENT ENVIRON 5 LITRES DE SANG, QUI SE RENOUVELLE EN CONTINU.
5l
2l
2l
1l
BIEN SÛR, LA REPRODUCTION DU SANG PREND DU TEMPS.
ET C'EST POUR ÇA QUE L'ON MEURT SI ON PERD LE TIERS DE SON SANG DANS UN ACCIDENT.
BOUM !
J'ai trop saigné !
ARGH !
C'EST DE MOI QU'IL FAUT SE MÉFIER, PLUTÔT QUE DU MOUSTIQUE ! RENDS-MOI MA CROQUETTE !
MON DIEU !
HA ! HA ! IL EST TRÈS RANCUNIER !

LES ORGANES DES SENS

Les yeux

TU VEUX BIEN FERMER LES YEUX. ON VEUT SORTIR DE L'EAU...
... ET ON EST TOUT NUS !
BOF, DE TOUTE FAÇON, IL N'Y A RIEN À VOIR. SORTEZ VITE !
J'ESPÈRE QU'ELLE N'A PAS VU MES FESSES !
PFFF !
J'AI TOUT VU !
ZUT ! POURQUOI TU RESSORS DÉJÀ ?
N'AIE PAS HONTE. C'EST NORMAL QUE LÉA VOIT TES FESSES, PUISQU'ELLE A DES YEUX.
BOF, C'EST PAS VRAIMENT UNE NOUVELLE.
PFFF
JE ME TRANSFORME EN LUNETTES SPÉCIALES POUR VOIR L'INTÉRIEUR DE TES YEUX.
TCHAC
J'AI L'AIR COOL ?

STRUCTURE DE L'ŒIL

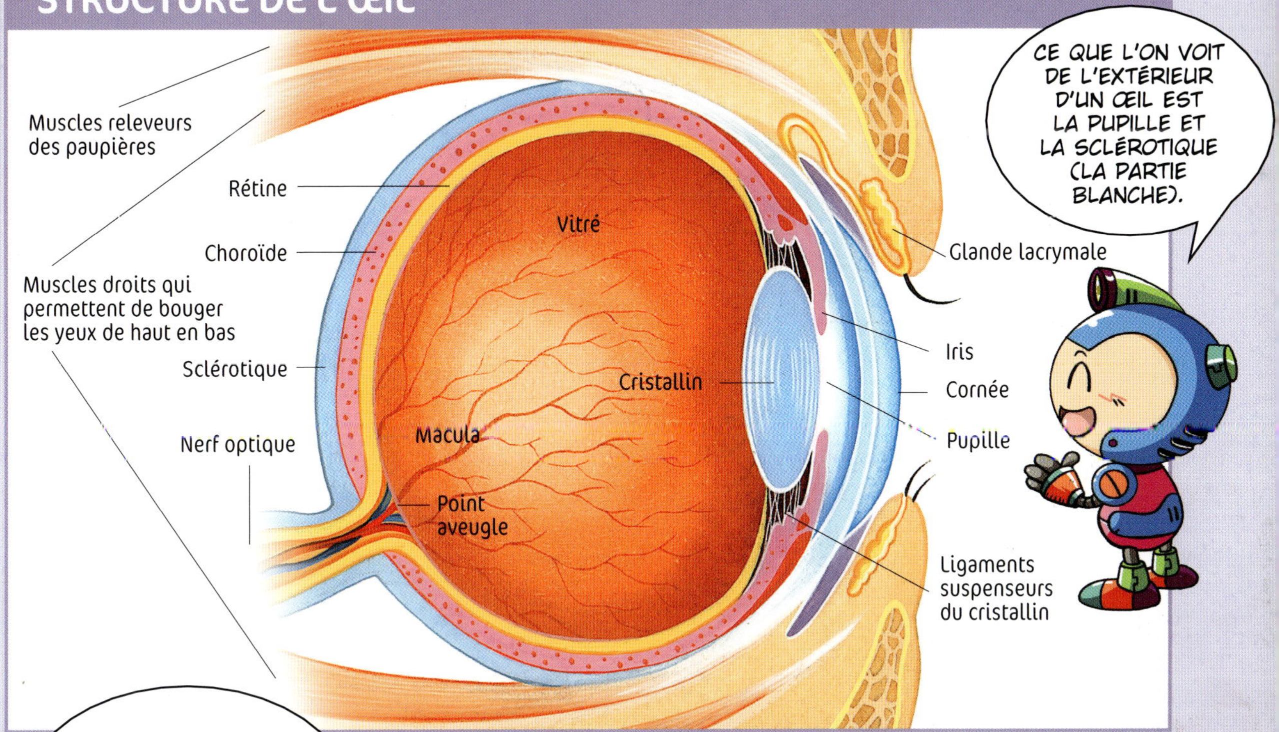

ADAPTATION À LA LUMIÈRE AMBIANTE

Luminosité ambiante forte.
L'iris se dilate, mais la pupille se contracte.

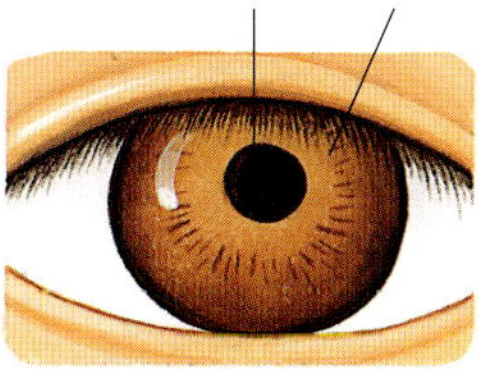

Luminosité ambiante faible.
L'iris se contracte et la pupille se dilate.

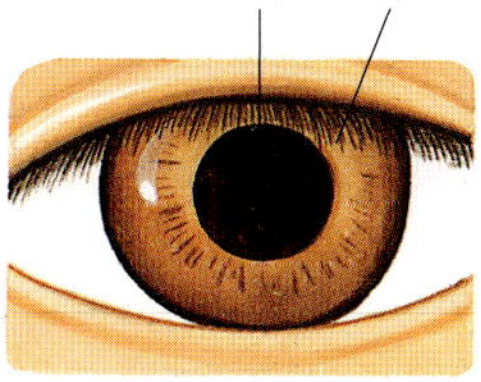

ADAPTATION À UNE VUE À DISTANCE

Quand on regarde de près,
le cristallin s'épaissit.

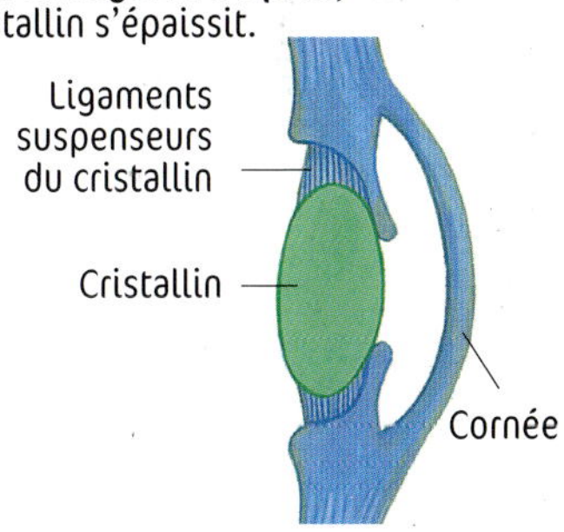

Quand on regarde loin,
le cristallin s'affine.

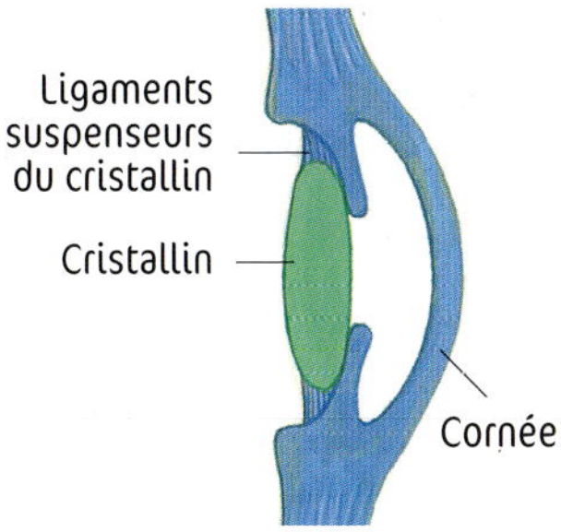

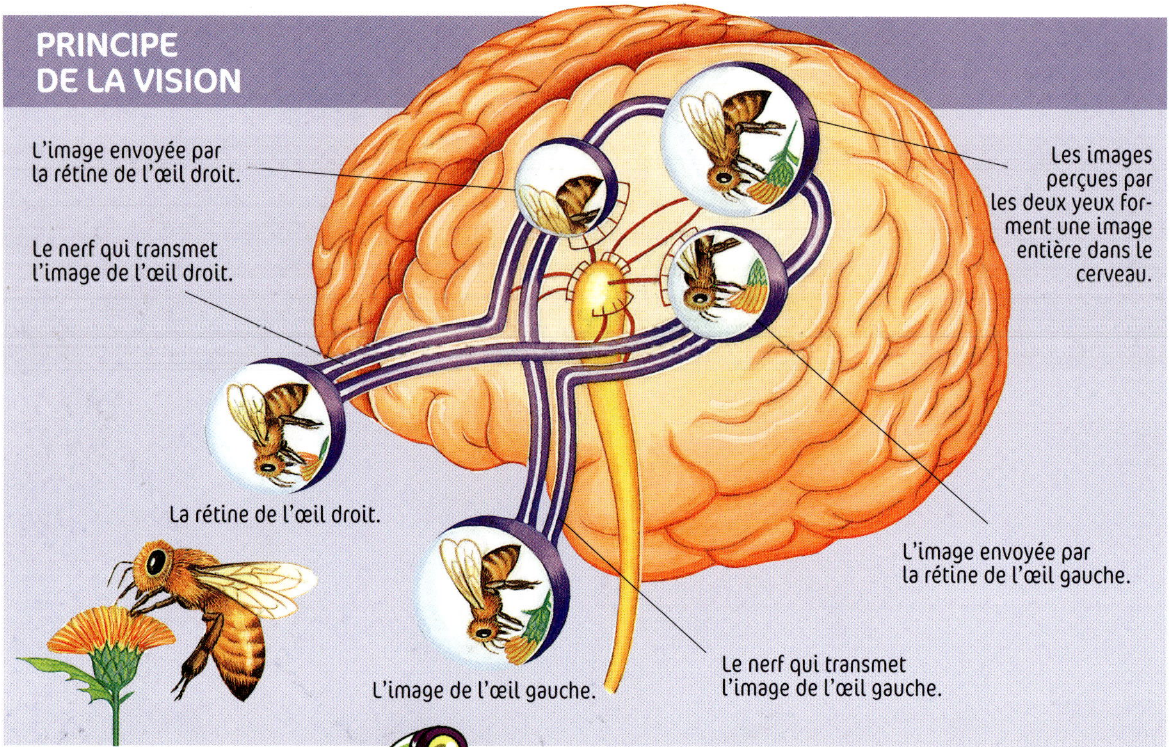
PRINCIPE
DE LA VISION
L'image envoyée par
la rétine de l'œil droit.
Les images
perçues par
les deux yeux for-
ment une image
entière dans le
cerveau.
Le nerf qui transmet
l'image de l'œil droit.
La rétine de l'œil droit.
L'image envoyée par
la rétine de l'œil gauche.
Le nerf qui transmet
l'image de l'œil gauche.
L'image de l'œil gauche.

LA COUCHE QUI SE TROUVE LE PLUS À L'INTÉRIEUR DE L'ŒIL EST LA RÉTINE. LA LUMIÈRE ARRIVE À LA RÉTINE EN PASSANT PAR LE CRISTALLIN, ET LES NERFS OPTIQUES LA TRANSMETTENT AU CERVEAU.
Lumière
Cristallin
Cellules
nerveuses de
la rétine

C'EST AINSI QUE J'ARRIVE À TE VOIR, DR SAITOUT.
ET MOI, JE PEUX VOIR L'HORRIBLE VISAGE DE MAX.
MAIS COMMENT SE FAIT-IL QUE LES OCCIDENTAUX AIENT LES YEUX CLAIRS ?

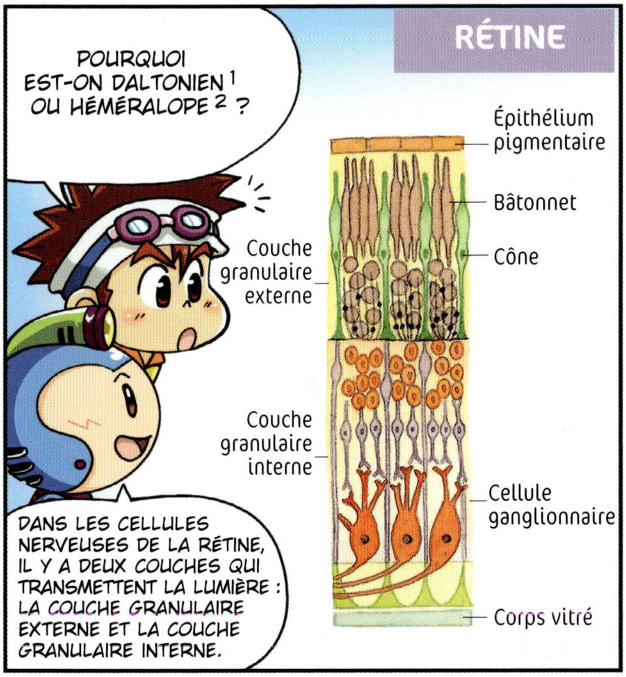

TYPES DE DALTONISME

L'héméralopie vient d'une anomalie des bâtonnets, et l'anomalie des cônes provoque le daltonisme.

DALTONIEN COMPLET

Il ne perçoit pas de couleur et ne distingue que la luminosité et l'obscurité. C'est le cas des chiens et des vaches.

DALTONIEN PARTIEL

Daltonien rouge-vert : il confond le rouge et le vert.
Daltonien bleu-jaune : il ne distingue ni le bleu ni le jaune.

Test daltonien

1. QUI N'ARRIVE PAS À DISTINGUER LES COULEURS.
2. QUI VOIT MAL LA NUIT.

UN HYPERMÉTROPE VOIT BIEN CE QUI EST LOIN, MAIS IL NE VOIT PAS CE QUI EST PRÈS.
HYPERMÉTROPIE
La rétine est rapprochée du cristallin de sorte que l'image se forme derrière la rétine.
Lentille convexe
Cristallin
Rétine
L'hypermétropie peut se corriger avec une lentille convexe.
QUAND L'ŒIL PERÇOIT UNE IMAGE, IL TRANSMET L'INFORMATION AU CERVEAU À 500 KM/H. DONC, SI TU REGARDES UNE FLEUR, TU METS 0,02 SECONDE POUR PRENDRE CONSCIENCE QU'IL S'AGIT D'UNE FLEUR.
SAUF QUE C'EST DE L'HERBE ET NON UNE FLEUR...
EN TOUT CAS, ÇA DOIT ÊTRE INCONFORTABLE DE NE RIEN VOIR.
ÉVIDEMMENT !
ÇA SERAIT DOMMAGE DE NE PAS VOIR UN AUSSI BEAU CHIEN QUE MOI !
IL EST ENCORE PLUS GRAVE QUE MOI !
IL FAUT BIEN PROTÉGER SES YEUX. LES SOURCILS SONT FAITS POUR ÇA : ILS EMPÊCHENT L'EAU OU LA SUEUR DU FRONT D'Y ENTRER.
Hé, hé...
MES SOURCILS ONT DONC POUR FONCTION DE PROTÉGER MES BEAUX YEUX.
BADAM

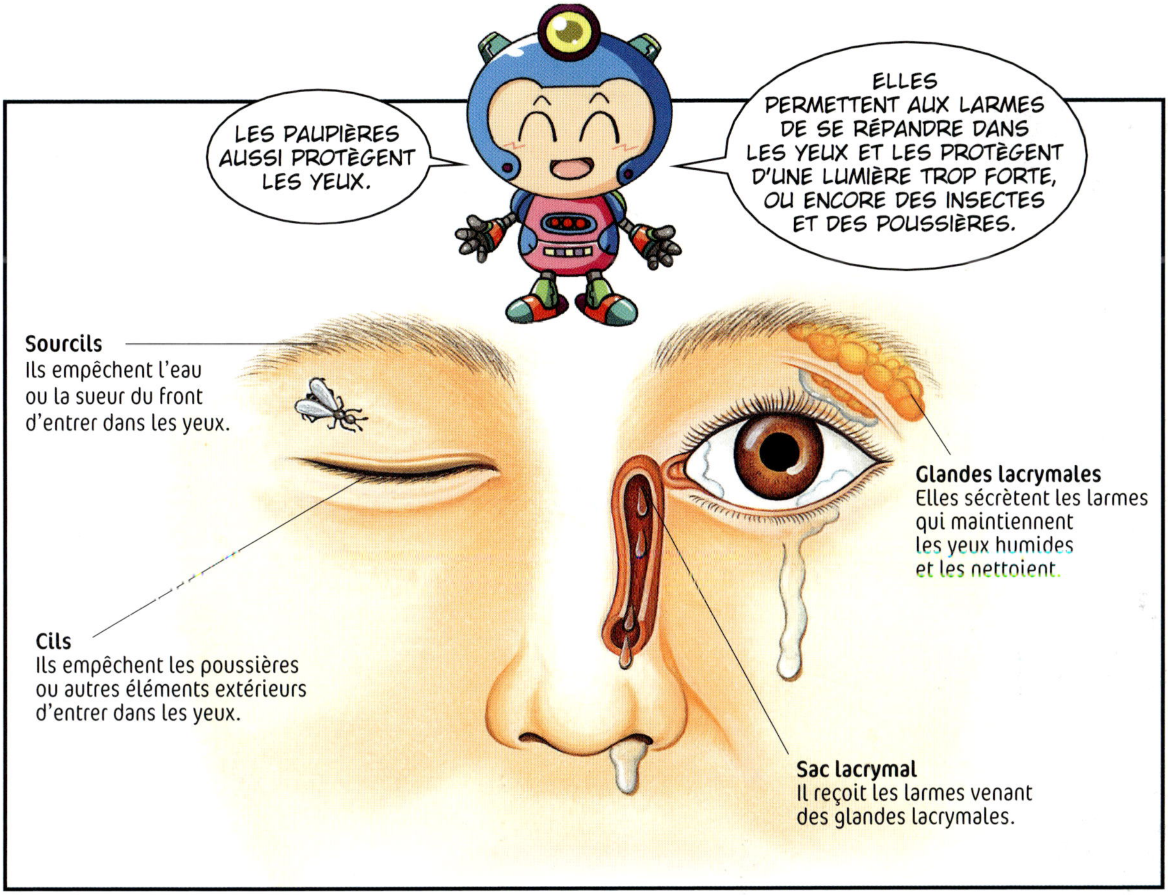
LES PAUPIÈRES AUSSI PROTÈGENT LES YEUX.
ELLES PERMETTENT AUX LARMES DE SE RÉPANDRE DANS LES YEUX ET LES PROTÈGENT D'UNE LUMIÈRE TROP FORTE, OU ENCORE DES INSECTES ET DES POUSSIÈRES.
Sourcils
Ils empêchent l'eau ou la sueur du front d'entrer dans les yeux.
Glandes lacrymales
Elles sécrètent les larmes qui maintiennent les yeux humides et les nettoient.
Cils
Ils empêchent les poussières ou autres éléments extérieurs d'entrer dans les yeux.
Sac lacrymal
Il reçoit les larmes venant des glandes lacrymales.

LES LARMES PRODUITES PAR LES GLANDES LACRYMALES PÉNÈTRENT DANS LE NEZ PAR LE CANAL NASO-LACRYMAL.
C'EST POUR ÇA QUE LES LARMES ET L'EAU DU NEZ COULENT EN MÊME TEMPS QUAND ON PLEURE.
AÏE ! LE CHAT M'A DONNÉ UN COUP DE PATTE, ALORS QUE JE LUI FAISAIS UNE DÉCLARATION D'AMOUR.
BIEN FAIT ! ÇA LUI APPRENDRA À FRIMER !
C'EST PAS VRAI ! ARRÊTE DE TE MOUCHER DANS MON T-SHIRT !
C'EST TROP TRISTE, LÉA. SNIF.
SNIF !

QU'EST-CE QUE ÇA SENT ?
SNIF ! SNIF !
JE NE SENS RIEN...
ÇA DOIT ÊTRE L'ODEUR DES FLEURS.
À PART L'ODEUR DE NOURRITURE, MAX NE SENT PAS GRAND-CHOSE. CE SONT LES ROSES DU VOISIN QUI SENTENT BON.
SNIF SNIF
TU SENS MÊME LES ROSES DU VOISIN !
BIEN SÛR ! JE SUIS UN CHIEN.
HUM HUM
HUM HUM
LES CHIENS ONT L'ODORAT 100 000 FOIS PLUS SENSIBLE QUE CELUI DES HOMMES.
SNIF SNIF
AH ! C'ÉTAIT DONC LA ROSE.
DEPUIS QUAND TU AS UN ODORAT AUSSI PUISSANT QU'UN CHIEN ?
SNIF SNIF
L'ODORAT EST PLUS DÉVELOPPÉ CHEZ LES FEMMES QUE CHEZ LES HOMMES, ET PLUS CHEZ LES ENFANTS QUE CHEZ LES ADULTES.
TU AS COMPRIS ? LES FILLES SENTENT MIEUX.
HUM...

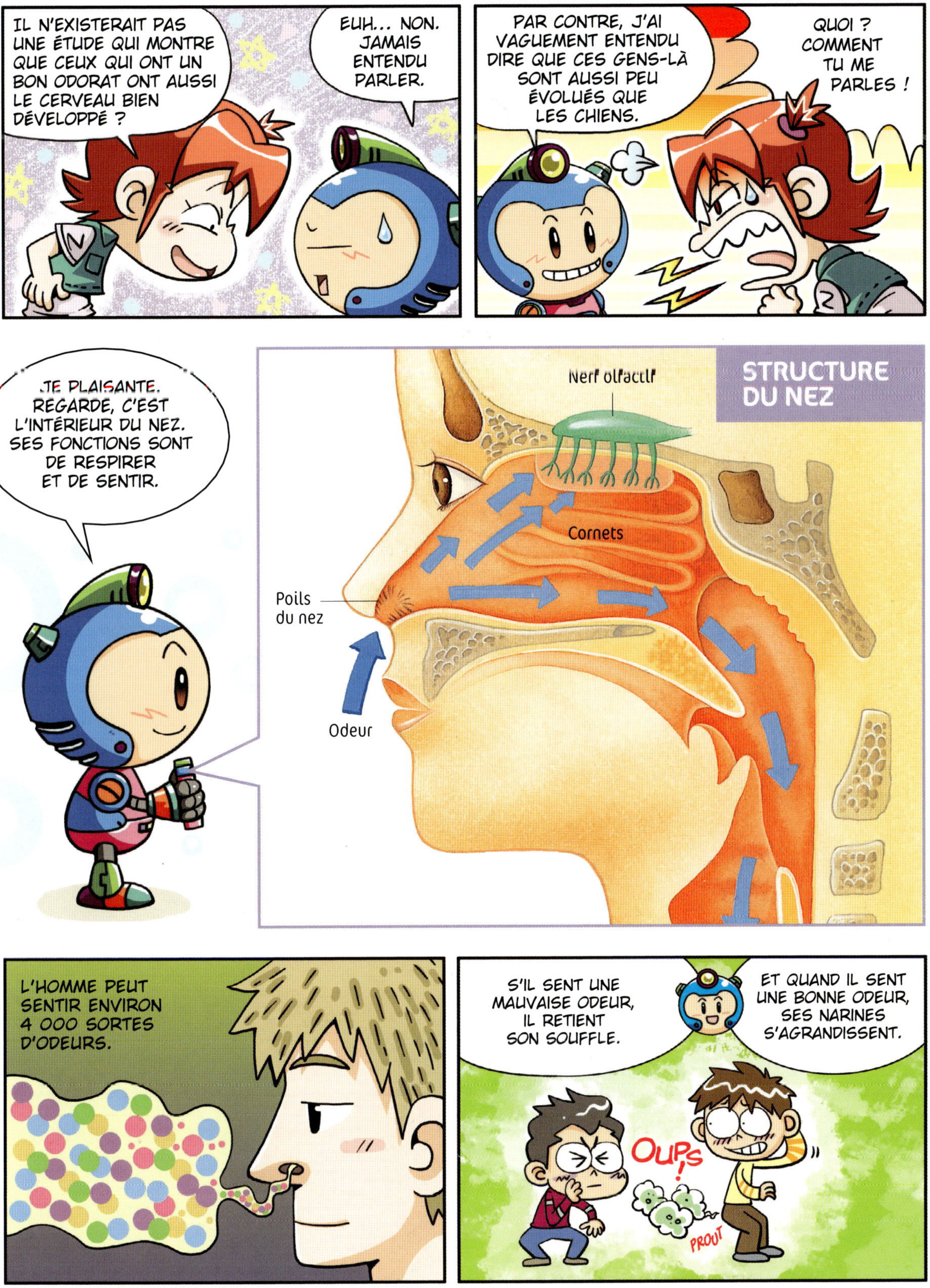

IL N'EXISTERAIT PAS UNE ÉTUDE QUI MONTRE QUE CEUX QUI ONT UN BON ODORAT ONT AUSSI LE CERVEAU BIEN DÉVELOPPÉ ?
EUH... NON. JAMAIS ENTENDU PARLER.
PAR CONTRE, J'AI VAGUEMENT ENTENDU DIRE QUE CES GENS-LÀ SONT AUSSI PEU ÉVOLUÉS QUE LES CHIENS.
QUOI ? COMMENT TU ME PARLES !
JE PLAISANTE. REGARDE, C'EST L'INTÉRIEUR DU NEZ. SES FONCTIONS SONT DE RESPIRER ET DE SENTIR.
STRUCTURE DU NEZ
Nerf olfactif
Cornets
Poils du nez
Odeur
L'HOMME PEUT SENTIR ENVIRON 4 000 SORTES D'ODEURS.
S'IL SENT UNE MAUVAISE ODEUR, IL RETIENT SON SOUFFLE.
ET QUAND IL SENT UNE BONNE ODEUR, SES NARINES S'AGRANDISSENT.
OUPS !
PROUT

PRINCIPE DE L'OLFACTION

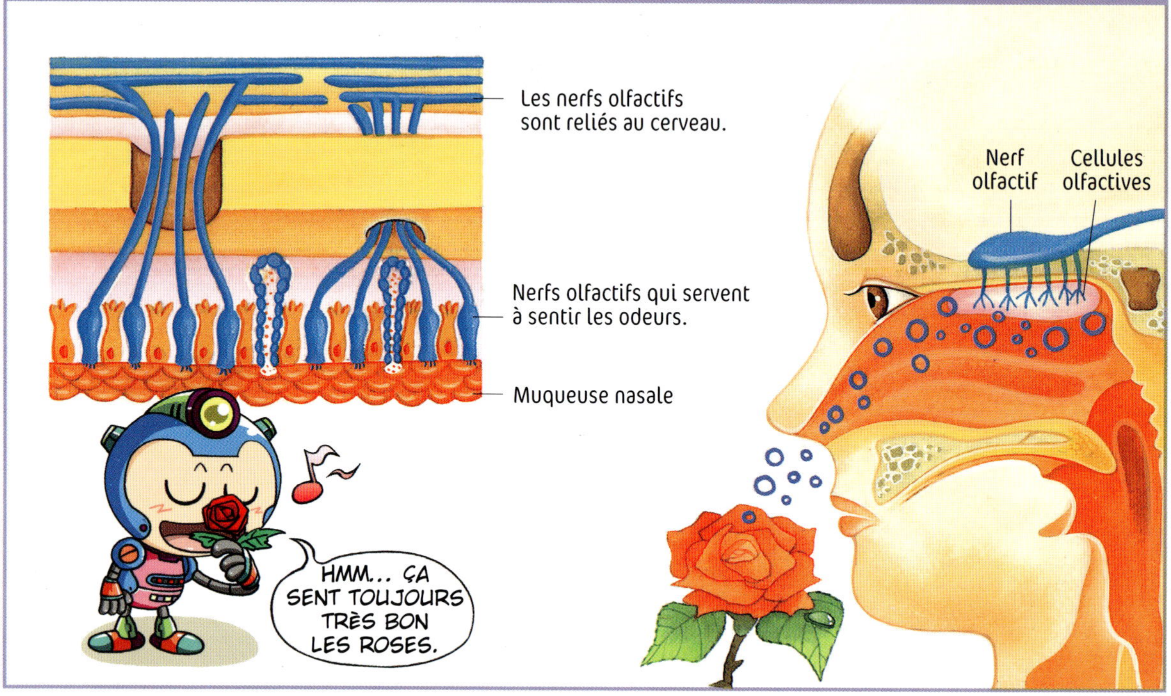

LES POILS FILTRENT LES POUSSIÈRES ET LES BACTÉRIES QUE L'ON RESPIRE AVEC L'AIR POUR QU'ELLES N'ARRIVENT PAS AUX POUMONS.
LES VAISSEAUX QUI SE TROUVENT DANS LA MUQUEUSE DE LA NARINE RÉCHAUFFENT L'AIR FROID QUI EST ENTRÉ PAR LE NEZ ET MAINTIENNENT UNE HUMIDITÉ APPROPRIÉE.
MAIS C'EST DE L'AIR FROID ! JE NE PEUX PAS LE LAISSER ENTRER DANS LES POUMONS TEL QUEL !
JE VAIS CONCENTRER BEAUCOUP DE SANG POUR RÉCHAUFFER CET AIR FROID.
PAR AILLEURS, MÊME SI UNE ODEUR EST FORTE, LE NEZ NE LA DÉTECTERA PLUS S'IL LA SENT TROP LONGTEMPS.
C'EST PARCE QUE L'ODORAT SE FATIGUE PLUS FACILEMENT QUE LES AUTRES SENS.
C'EST POUR ÇA QUE JE NE SENS PLUS LA ROSE !
SINON, POURQUOI LE NEZ COULE-T-IL QUAND ON EST ENRHUMÉ ?
PARCE QUE DES VIRUS ONT PÉNÉTRÉ DANS LA MUQUEUSE DU NEZ ET L'ONT INFECTÉE. C'EST CETTE INFECTION QUI FAIT COULER L'EAU DU NEZ.
TU CROIS QUE DES VIRUS SONT ENTRÉS DANS MON NEZ ?
TIENS, ÇA SENT BON... MON NEZ FONCTIONNE À NOUVEAU CORRECTEMENT.
SNIF! SNIF!
IL TE SERT SURTOUT À SENTIR LA NOURRITURE !
J'AI L'EAU À LA BOUCHE ET LE SUC GASTRIQUE EST DÉJÀ PRÊT. QU'EST-CE QUE JE FAIS ?
HMM...

Les oreilles

STRUCTURE DE L'OREILLE ET PROCESSUS DE L'ÉCOUTE

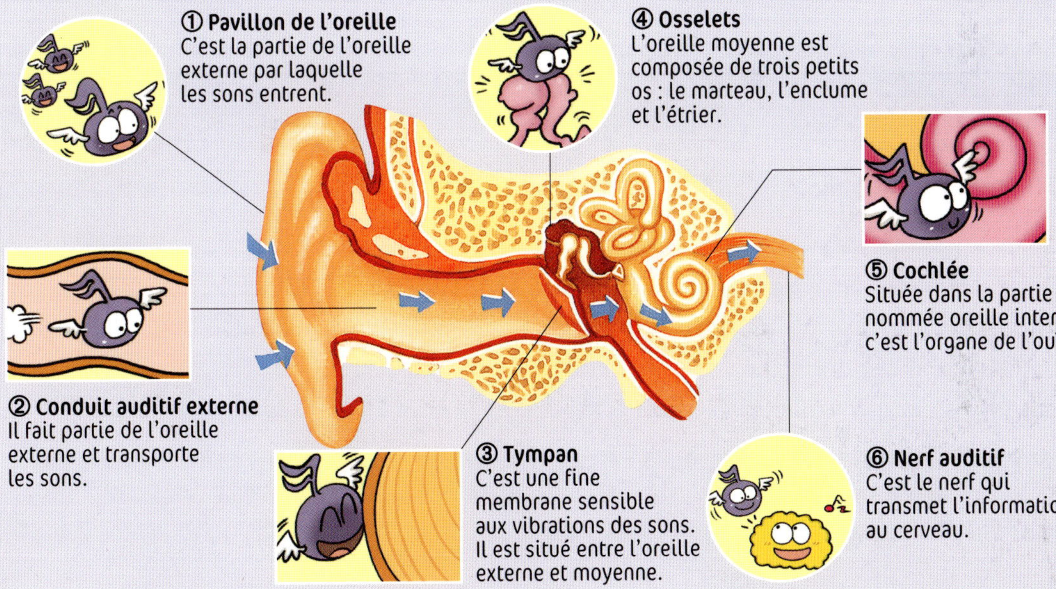

① Pavillon de l'oreille
C'est la partie de l'oreille externe par laquelle les sons entrent.

② Conduit auditif externe
Il fait partie de l'oreille externe et transporte les sons.

③ Tympan
C'est une fine membrane sensible aux vibrations des sons. Il est situé entre l'oreille externe et moyenne.

④ Osselets
L'oreille moyenne est composée de trois petits os : le marteau, l'enclume et l'étrier.

⑤ Cochlée
Située dans la partie nommée oreille interne, c'est l'organe de l'ouïe.

⑥ Nerf auditif
C'est le nerf qui transmet l'information au cerveau.

MAIS OÙ EST DR SAITOUT ? C'EST TOI QUI VAS NOUS DONNER DES COURS MAINTENANT ?
OUI, C'EST VRAI, TU N'ES QU'UN CHIEN !
FAITES-MOI CONFIANCE, IL M'A TRANSMIS SES CONNAISSANCES. ET PUIS, VOUS N'AVEZ PAS LE CHOIX, IL N'EST PAS LÀ.
OK. ALORS, DIS-MOI POURQUOI ÇA NOUS FAIT BIZARRE DANS L'OREILLE QUAND ON SE MOUCHE.
À CAUSE DE LA TROMPE D'EUSTACHE. C'EST UN CONDUIT QUI RELIE L'OREILLE MOYENNE AU NEZ.
Étrier
Canaux semi-circulaires
Nerf auditif
Enclume
Marteau
Conduit auditif externe
Cochlée
Tympan
Trompe d'Eustache
QUAND ON SE MOUCHE, LA PRESSION DE L'AIR PASSE PAR LA TROMPE D'EUSTACHE JUSQU'À L'INTÉRIEUR DU TYMPAN.
C'EST HUMILIANT D'APPRENDRE ÇA D'UN CHIEN.
JE VOIS...
JE PRÉFÈRE RÉPONDRE À DES QUESTIONS QUE D'EN POSER. ALLEZ, VAS-Y.
TU ES SÛR ?
NE T'EN FAIS PAS. JE SUIS MEILLEUR QUE TOI !
JE ME DEMANDE CE QU'IL VEUT PROUVER. QUE L'HOMME EST SUPÉRIEUR À L'ANIMAL ?
VOICI MA QUESTION ! POURQUOI AS-TU DEUX OREILLES ?
ZUT !

CANAUX SEMI-CIRCULAIRES ET SYSTÈME VESTIBULAIRE

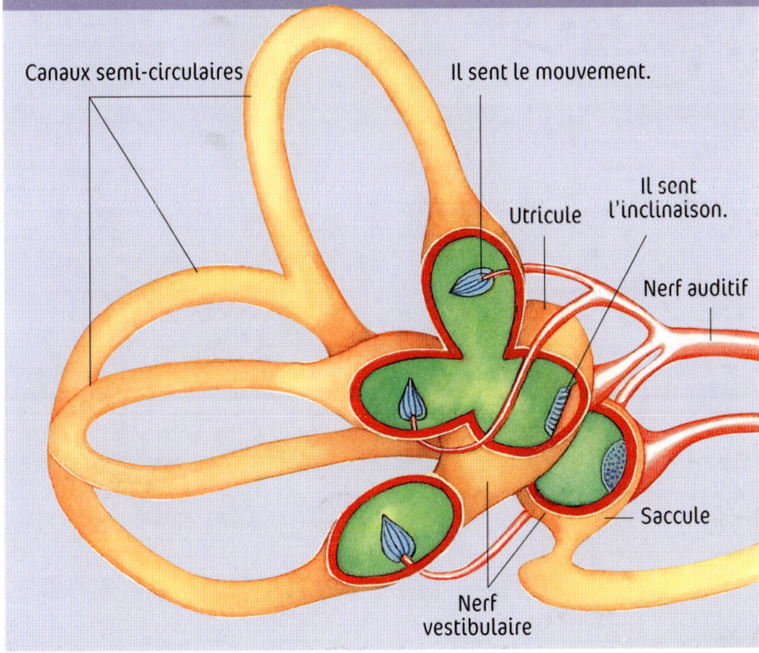

ACTION DES CANAUX SEMI-CIRCULAIRES

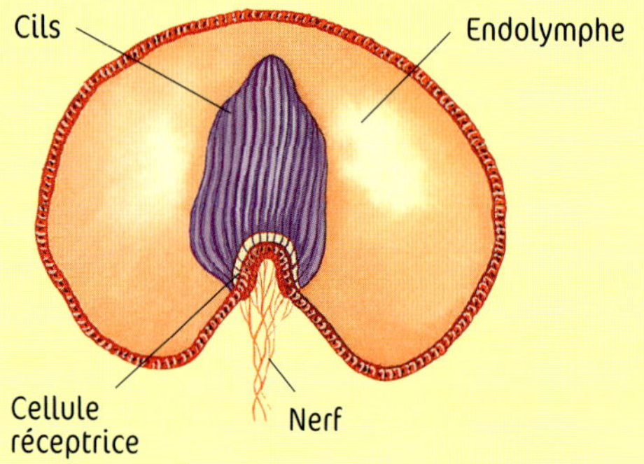

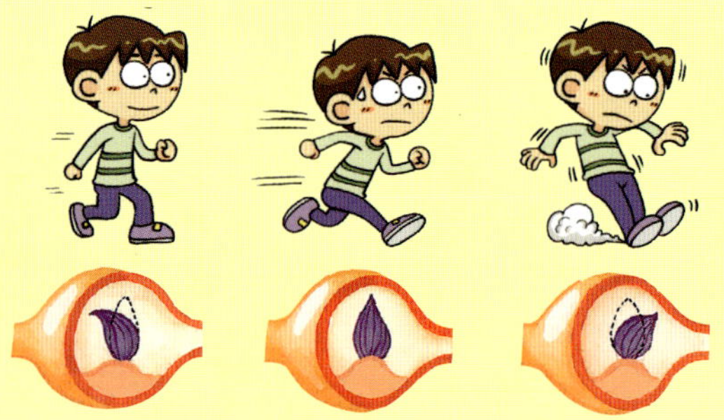

Forme des canaux semi-circulaires quand on commence à courir.

Forme des canaux semi-circulaires quand on garde le même rythme.

Forme des canaux semi-circulaires quand on s'arrête.

ACTION DE L'ORGANE VESTIBULAIRE

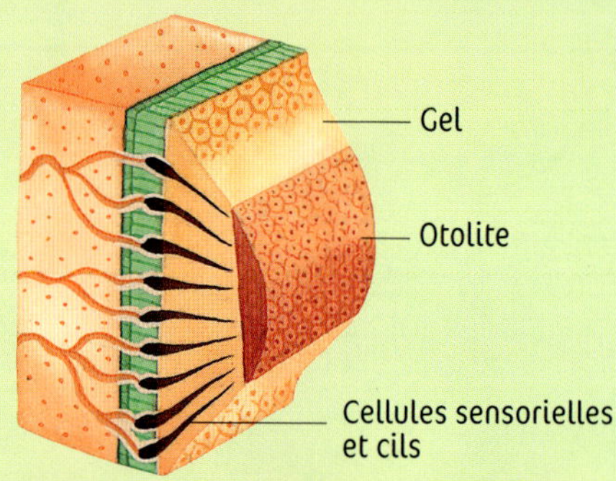

Les cils présents dans ces petites cavités osseuses de l'oreille interne jouent un rôle majeur dans notre équilibre.

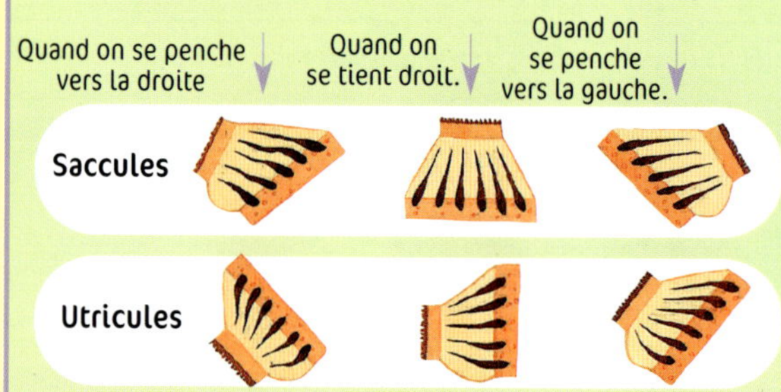

OH, LÀ, LÀ ! C'EST ÉPUISANT D'ENSEIGNER...
LE MAL DE CŒUR EN VOITURE A-T-IL QUELQUE CHOSE À VOIR AVEC LES CANAUX SEMI-CIRCULAIRES ?
BIEN SÛR !
QUAND UNE VOITURE BOUGE, LE CORPS DE L'HOMME QUI SE TROUVE À L'INTÉRIEUR BOUGE ÉGALEMENT.
VROUM
VROUM
SI ÇA CONTINUE À BOUGER, LES CANAUX SEMI-CIRCULAIRES NE PEUVENT PLUS GARDER L'ÉQUILIBRE.
OH, LÀ, LÀ ! ÇA N'ARRÊTE PAS DE BOUGER. J'AI DU MAL À TENIR EN ÉQUILIBRE.
C'EST POUR CELA QUE L'ON A MAL AU CŒUR.
JE COMPRENDS MAINTENANT POURQUOI ON A PLUS LE MAL DE MER EN BATEAU QU'EN VOITURE : ÇA BOUGE BEAUCOUP PLUS.
BEURK
PAR AILLEURS, L'ORGANE VESTIBULAIRE EST RELIÉ À UNE MASSE DE GEL PAR DES NERFS. L'OTOLITE, QUI SE TROUVE AU-DESSUS DE CE GEL, BASCULE QUAND ON SE PENCHE. CE MOUVEMENT EST TRANSMIS AU CERVEAU ET ON PERÇOIT L'INCLINAISON DU CORPS.
MAIS UNE FOIS QUE LES CANAUX SEMI-CIRCULAIRES S'ADAPTENT AUX MOUVEMENTS, LE MAL DE MER S'ARRÊTE AUSSI.
LES CANAUX SEMI-CIRCULAIRES PEUVENT DONC S'ADAPTER AUX MOUVEMENTS.
TIENS, IL S'EST PENCHÉ VERS LA GAUCHE.

MAIS OÙ EST DR SAITOUT ?
TU DOIS SAVOIR OÙ IL EST.
C'EST UN SECRET, MAIS...
BLA BLA
QUOI ?
OH, LÀ, LÀ, IL A COMPLÈTEMENT PERDU LA TÊTE.
JE NE SAVAIS PAS QUE LES ROBOTS POUVAIENT TOMBER AMOUREUX...
WAOUH !
MAIS ELLE N'A PAS LE VERTIGE, CETTE GYMNASTE ? ÇA DOIT BOUGER DANS SON OREILLE INTERNE !
SES CANAUX SEMI-CIRCULAIRES DOIVENT ÊTRE HABITUÉS AUX MOUVEMENTS.
C'EST POUR ÇA QU'ELLE PEUT BOUGER AUSSI AISÉMENT.
ELLE A DÛ S'ENTRAÎNER ÉNORMÉMENT, ALORS.

La langue

SITUATION DES GOÛTS SUR LA LANGUE

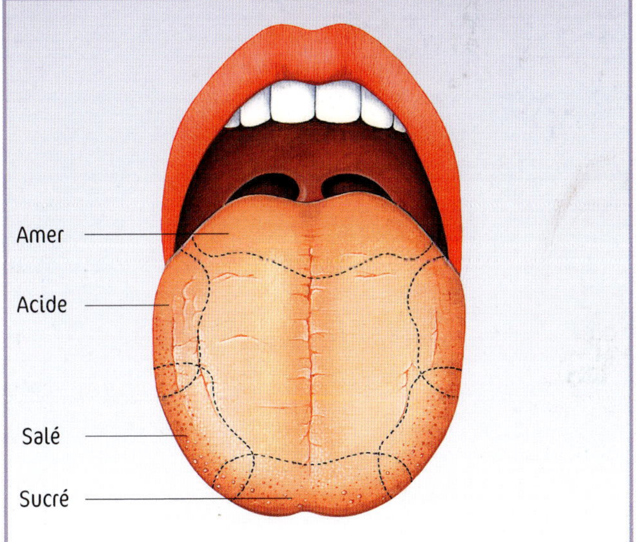

LES PAPILLES GUSTATIVES QUI SE TROUVENT SUR LA SURFACE DE LA LANGUE NOUS PERMETTENT DE DISTINGUER LES DIFFÉRENTS GOÛTS COMME LE SUCRÉ, LE SALÉ, L'ACIDE ET L'AMER, MAIS PAS AUSSI NETTEMENT QUE CE QU'ON VOIT SUR CE DESSIN.

QUELQUE CHOSE DE PIQUANT N'A PAS DE GOÛT À PROPREMENT PARLER. C'EST UNE SENSATION DÛE À L'ACTIVATION DES RÉCEPTEURS DE LA DOULEUR.

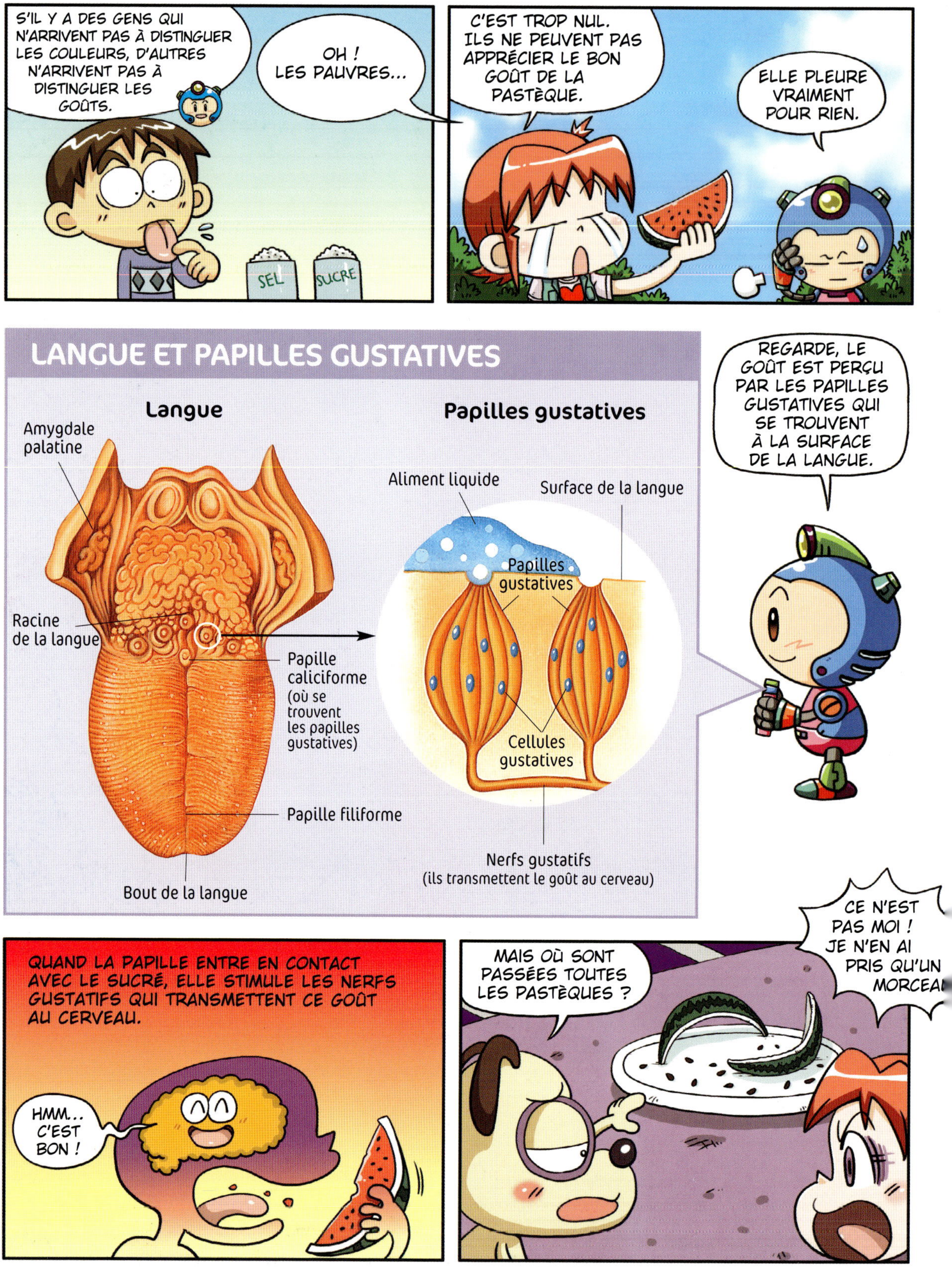
S'IL Y A DES GENS QUI N'ARRIVENT PAS À DISTINGUER LES COULEURS, D'AUTRES N'ARRIVENT PAS À DISTINGUER LES GOÛTS.
OH ! LES PAUVRES...
SEL
SUCRE
C'EST TROP NUL. ILS NE PEUVENT PAS APPRÉCIER LE BON GOÛT DE LA PASTÈQUE.
ELLE PLEURE VRAIMENT POUR RIEN.
LANGUE ET PAPILLES GUSTATIVES
Langue
Amygdale palatine
Racine de la langue
Papille caliciforme (où se trouvent les papilles gustatives)
Papille filiforme
Bout de la langue
Papilles gustatives
Aliment liquide
Surface de la langue
Papilles gustatives
Cellules gustatives
Nerfs gustatifs (ils transmettent le goût au cerveau)
REGARDE, LE GOÛT EST PERÇU PAR LES PAPILLES GUSTATIVES QUI SE TROUVENT À LA SURFACE DE LA LANGUE.
QUAND LA PAPILLE ENTRE EN CONTACT AVEC LE SUCRÉ, ELLE STIMULE LES NERFS GUSTATIFS QUI TRANSMETTENT CE GOÛT AU CERVEAU.
HMM... C'EST BON !
MAIS OÙ SONT PASSÉES TOUTES LES PASTÈQUES ?
CE N'EST PAS MOI ! JE N'EN AI PRIS QU'UN MORCEAU

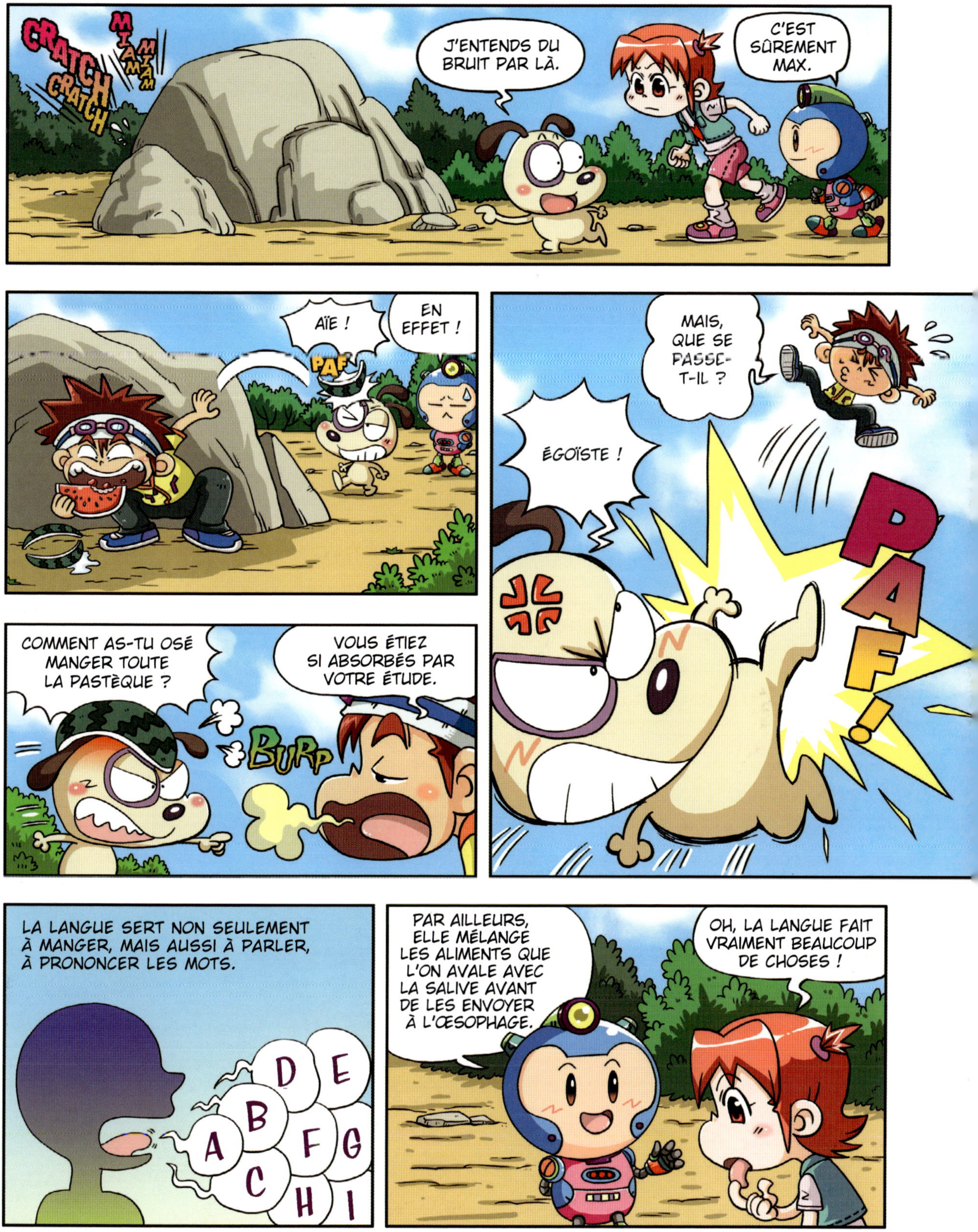
CRATCH CRATCH
MIAM MIAM MIAM
J'ENTENDS DU BRUIT PAR LÀ.
C'EST SÛREMENT MAX.
PAF
AÏE !
EN EFFET !
MAIS, QUE SE PASSE-T-IL ?
ÉGOÏSTE !
PAF !
COMMENT AS-TU OSÉ MANGER TOUTE LA PASTÈQUE ?
VOUS ÉTIEZ SI ABSORBÉS PAR VOTRE ÉTUDE.
BURP
LA LANGUE SERT NON SEULEMENT À MANGER, MAIS AUSSI À PARLER, À PRONONCER LES MOTS.
A B C D E F G H I
PAR AILLEURS, ELLE MÉLANGE LES ALIMENTS QUE L'ON AVALE AVEC LA SALIVE AVANT DE LES ENVOYER À L'ŒSOPHAGE.
OH, LA LANGUE FAIT VRAIMENT BEAUCOUP DE CHOSES !

LES DENTS

STRUCTURE DE LA BOUCHE

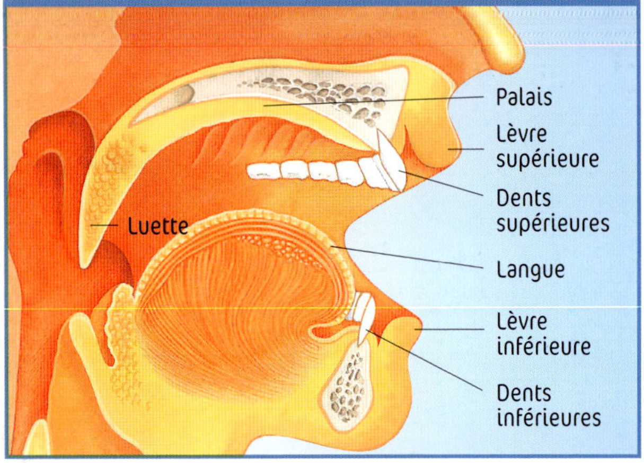

EN EFFET, LE CHOCOLAT NE GLISSE PAS TOUT SEUL.
QUEL RAPACE ! TU NE SAIS PAS PARTAGER. J'ESPÈRE QUE CE CHOCOLAT TE FERA MAL AUX DENTS !
AÏE ! J'AI MAL !
PFFF ! BIEN FAIT !
TES BÊTISES M'ONT VRAIMENT DONNÉ MAL AUX DENTS. C'EST TA FAUTE !
ÇA N'A RIEN À VOIR AVEC MOI. C'EST SIMPLEMENT PARCE QUE TU NE TE BROSSES PAS LES DENTS.
Beuh !
LÉA A RAISON.
AÏE ! J'AI TROP MAL.

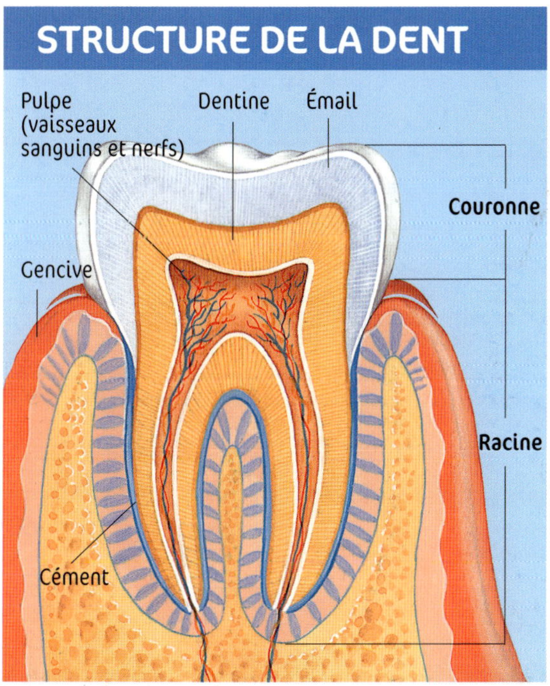
STRUCTURE DE LA DENT
Pulpe (vaisseaux sanguins et nerfs)
Dentine
Émail
Couronne
Gencive
Racine
Cément

LES DENTS SONT LES PARTIES LES PLUS DURES DU CORPS HUMAIN.
MAIS POURQUOI ÇA ME FAIT AUSSI MAL ?
LES CARIES NOUS FONT SOUFFRIR PARCE QU'IL Y A DES NERFS DANS NOS DENTS.
POURTANT, ÇA DOIT ÊTRE DIFFICILE DE S'ABÎMER LES DENTS, PUISQU'ELLES SONT TRÈS DURES...

QUAND LES DENTS SONT PROPRES ET QU'IL N'Y A PAS DE RESTES D'ALIMENTS, LES BACTÉRIES ONT DU MAL À SURVIVRE.
C'EST TELLEMENT PROPRE QU'IL N'Y A PAS GRAND-CHOSE À MANGER…
CE N'EST PAS FACILE TOUS LES JOURS…
ET C'EST TELLEMENT GLISSANT.
MAIS SI ON NE SE BROSSE PAS BIEN LES DENTS, ON FOURNIT AUX BACTÉRIES UN LIEU DE VIE IDÉAL.
C'EST CHOUETTE TOUS CES RESTES D'ALIMENTS…
C'EST UN ENDROIT IDÉAL POUR SE DÉVELOPPER…
ON N'A QU'À RESTER VIVRE ICI.

VOICI CE QUI SE PASSE QUAND IL Y A DES BACTÉRIES DANS LES DENTS.

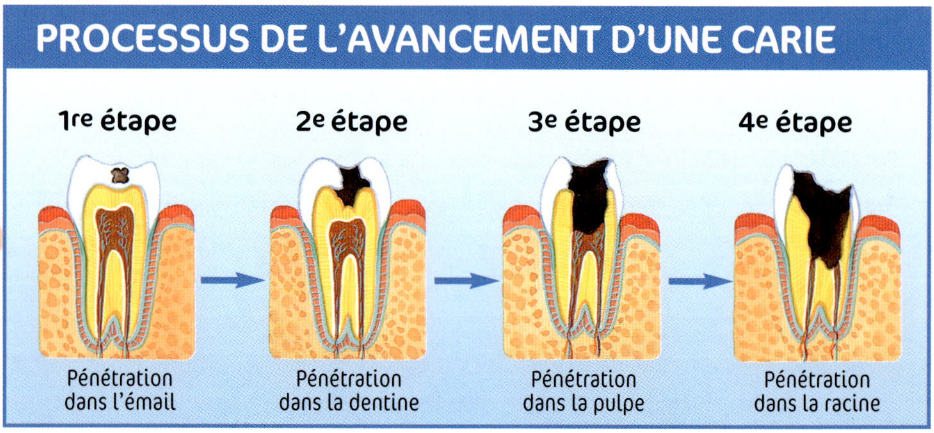
PROCESSUS DE L'AVANCEMENT D'UNE CARIE
1re étape
2e étape
3e étape
4e étape
Pénétration dans l'émail
Pénétration dans la dentine
Pénétration dans la pulpe
Pénétration dans la racine

CES COCHONNERIES DE BACTÉRIES ! JE NE LEUR PARDONNERAI JAMAIS.
ALORS, QU'EST-CE QUE TU VAS FAIRE ?
JE VAIS FAIRE ARRACHER TOUTES MES DENTS. COMME ÇA LES BACTÉRIES MOURRONT.
C'EST BÊTE !

PROCESSUS DE SORTIE DE LA DENT PERMANENTE

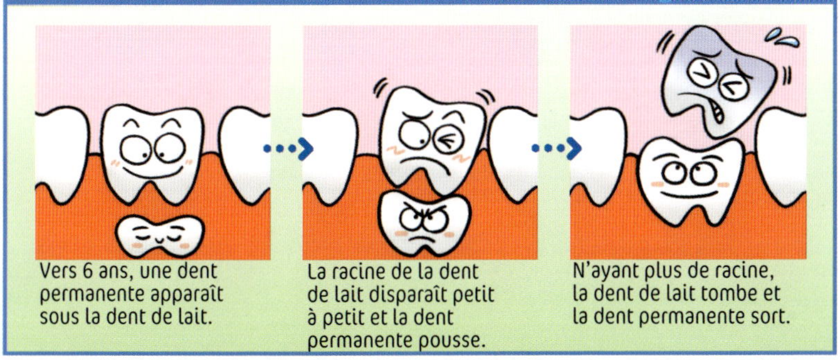

FORME, LOCALISATION, FONCTION DES DENTS

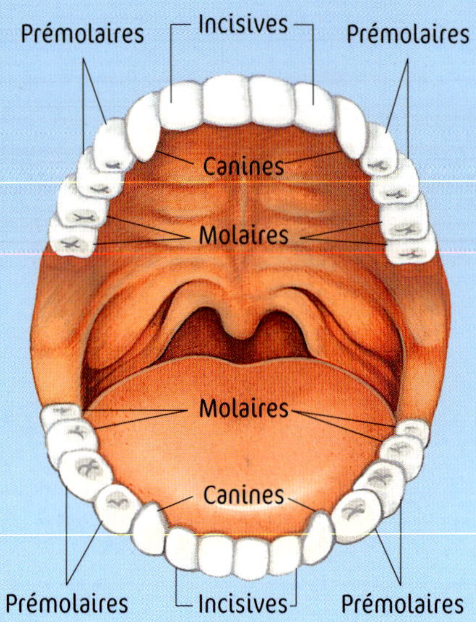

Les molaires

Elles broient les aliments comme une meule.

Les prémolaires

Elles jouent le rôle de marteau et cassent les aliments.

Les incisives

Elles jouent le rôle de couteau et découpent les aliments.

Les canines

Elles déchirent bien les aliments avec leur bout pointu.

LES NERFS

IL N'Y A PERSONNE ?
PFF... QUELLE CHANCE !
ALLEZ, DÉPÊCHONS AVANT QUE QUELQU'UN NE ME VOIE. QUELLE CHANCE !
TAP TAP TAP
AH ! ENCORE UN BILLET. ÇA DOIT ÊTRE MON JOUR DE CHANCE !
QU'EST-CE QUE JE VAIS FAIRE AVEC TOUT CET ARGENT ?
M'ACHETER UNE BANDE DESSINÉE ?
WAOUH ! AUJOURD'HUI, JE SENS QUE ÇA VA ÊTRE UNE BELLE JOURNÉE.

TU L'AS VU ?
OUI.
OH, HAPPY DAY !
S'IL A RAMASSÉ L'ARGENT QUI ÉTAIT PAR TERRE, C'EST GRÂCE AUX NERFS.
PAS GRÂCE AUX MAINS ?
LES MAINS LUI ONT PERMIS DE RAMASSER, MAIS...
... C'EST LE CERVEAU QUI LEUR EN A DONNÉ L'ORDRE.
LES NERFS ONT APPRIS AU CERVEAU QU'IL Y AVAIT DE L'ARGENT PAR TERRE ET C'EST GRÂCE À EUX ÉGALEMENT QUE LES MAINS ONT BOUGÉ.
TIENS, DE L'ARGENT!
LES MAINS, RAMASSEZ-LE.
OK!
ET SI ON N'AVAIT PAS DE NERFS ?
ALORS, MÊME SI ON VOYAIT DE L'ARGENT, ON NE POURRAIT PAS TRANSMETTRE L'INFORMATION AU CERVEAU.
...?
ET SI LE CERVEAU AVAIT REÇU TOUT DE MÊME CETTE INFORMATION, SANS LES NERFS, IL NE POURRAIT PAS CONTRÔLER LES MOUVEMENTS DES MAINS.
QU'EST-CE QUE JE FAIS ? JE N'AI PAS DE MOYEN D'AVERTIR LES MAINS...
DANS CE CAS, LES MAINS NE BOUGERAIENT PAS.
DONC, PAS D'ARGENT DANS LA POCHE !

LES NERFS DE NOTRE CORPS

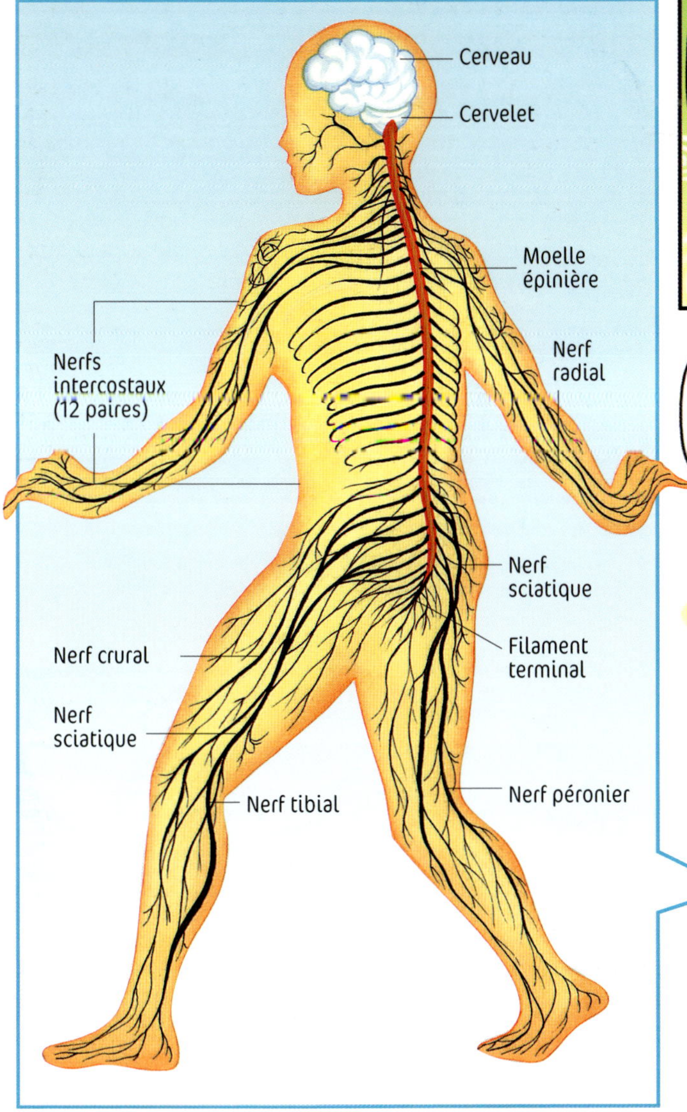

SCHÉMA D'UN NEURONE

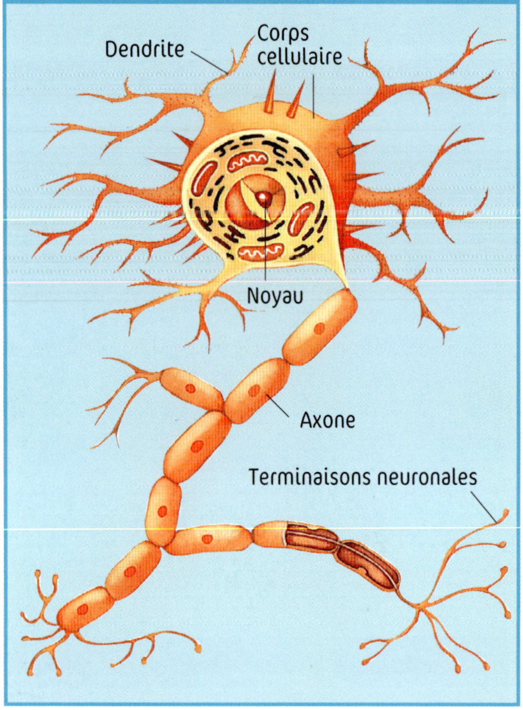

CONNEXION DES SENS ET DES NEURONES AVEC LE CERVEAU

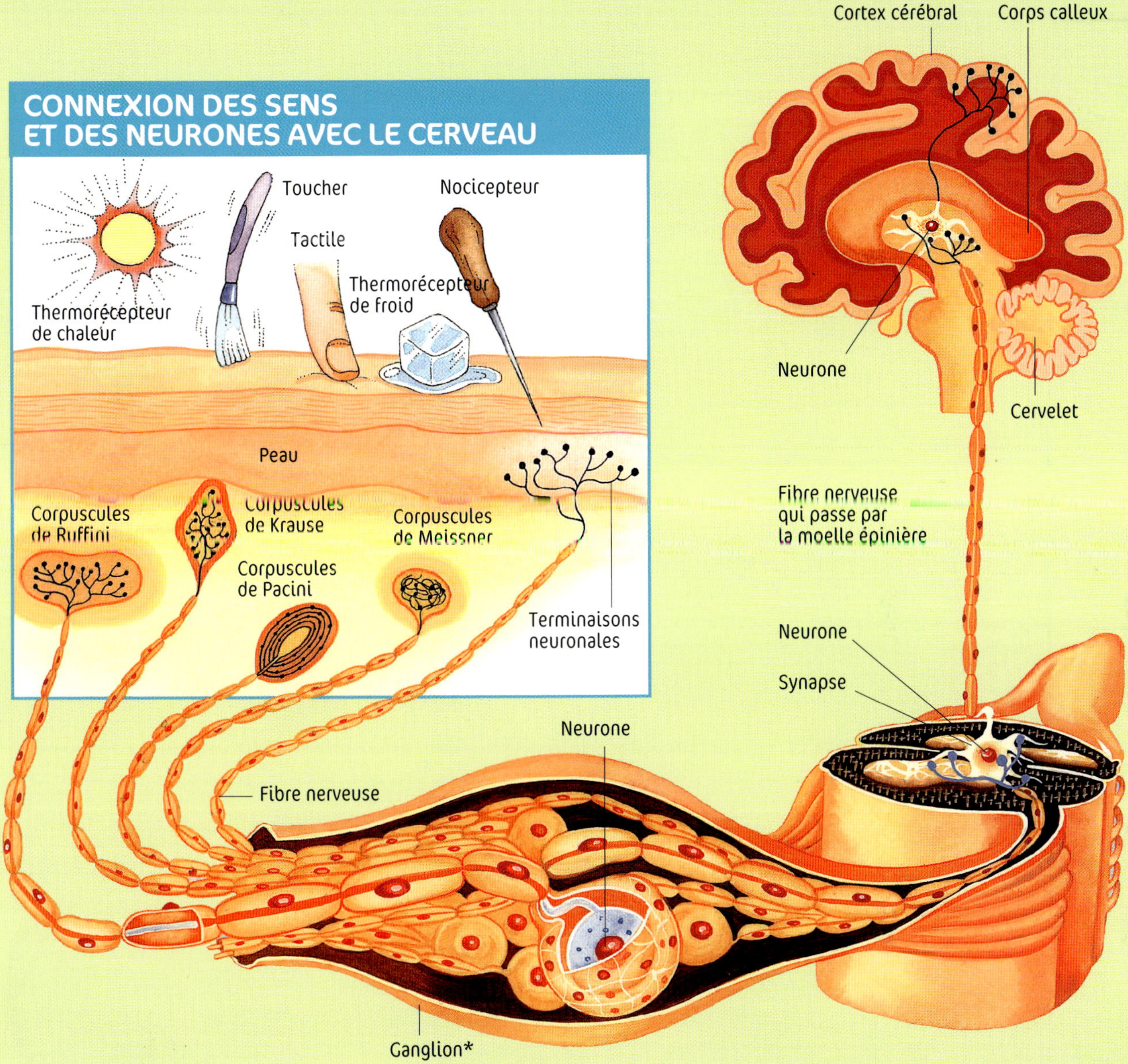

*GANGLION : C'EST UNE ESPÈCE DE BOSSE FORMÉE PAR LES CELLULES ET LES FIBRES NERVEUSES.

C'EST UNE POMME DE TERRE CHAUDE. TRANSMETS CE MESSAGE AU CERVEAU, NERF SENSITIF !
IL PARAÎT QUE LA POMME DE TERRE EST CHAUDE.
OK, J'EN PARLERAI AUX AUTRES CELLULES SENSORIELLES.
Neurone
Nerf sensitif
Synapse
CERVEAU, LA POMME DE TERRE EST CHAUDE.
ENLÈVE TA MAIN IMMÉDIATEMENT !
CELLULE MUSCULAIRE, LE CERVEAU TE DEMANDE D'ENLEVER LA MAIN.
D'ACCORD !
Autres cellules sensorielles
Cerveau
Nerf moteur
Cellule musculaire
J'AI ENLEVÉ MA MAIN AUSSITÔT QUE J'AI TOUCHÉ LA POMME DE TERRE...
TOC
CETTE RÉACTION S'EST FAITE À TRAVERS UN PROCESSUS COMPLEXE.
TU N'AS RIEN SENTI, CAR LA VITESSE DE TRANSMISSION EST TRÈS RAPIDE.
HOP !
EH !
QU'EST-CE QUI T'ARRIVE ? TU M'AS FAIT PEUR.
LA RÉACTION QUE TU VIENS D'AVOIR EST UN RÉFLEXE AUTOMATIQUE.
PFF !

UN RÉFLEXE AUTOMATIQUE ?
QUAND UN POING S'APPROCHE DE TOI BRUSQUEMENT, LES NERFS N'ONT PAS LE TEMPS D'AVERTIR LE CERVEAU POUR QU'IL PROTÈGE TES YEUX.
C'EST POUR ÇA QUE L'ORDRE DE FERMER LES YEUX A ÉTÉ DONNÉ DE LA MOELLE ÉPINIÈRE AUX NERFS MOTEURS, SANS PASSER PAR LE CERVEAU.
C'EST POUR ÇA QUE J'AI FERMÉ LES YEUX SANS LE SAVOIR.
CHAC
AGH !
IL EXISTE ÉGALEMENT UN RÉFLEXE CONDITIONNÉ, APPELÉ RÉFLEXE DE PAVLOV.
QU'EST-CE QUE C'EST ?
UN DOCTEUR RUSSE, APPELÉ PAVLOV, A MENÉ DES RECHERCHES SUR LES MOUVEMENTS.
LE CHIEN BAVE QUAND IL VOIT SA GAMELLE, MÊME SI ELLE EST VIDE.
J'AI FAIM.
J'AI DÉJÀ TOUT FINI.
FAISONS UNE EXPÉRIENCE ! J'AGITE LA CLOCHETTE CHAQUE FOIS QUE JE LUI DONNE À MANGER.
CLING
CLING
MIAM, DE LA VIANDE !
CETTE FOIS-CI, JE VAIS SONNER LA CLOCHETTE SANS LUI DONNER À MANGER.

À FORCE DE RÉPÉTITIONS, IL VIENT MANGER QUAND IL ENTEND LA CLOCHETTE, MÊME SI CE BRUIT N'A RIEN À VOIR AVEC LA NOURRITURE.
POURQUOI JE BAVE, ALORS QUE JE N'AI FAIT QU'ENTENDRE LA CLOCHETTE ?
DING
DING
BIEN. JE L'AI FAIT RÉAGIR EN RÉPÉTANT LA MÊME ACTION.
JE VAIS LE NOMMER LE RÉFLEXE CONDITIONNÉ.
POURQUOI JE N'AI RIEN À MANGER ?
IL EN VA DE MÊME POUR LES HOMMES. REGARDE, CETTE ORANGE.
RIEN QU'À LA VOIR, J'EN AI DÉJÀ L'EAU À LA BOUCHE...
LE FAIT QUE TU AIES L'EAU À LA BOUCHE VEUT DIRE QUE TU AS DÉJÀ GOÛTÉ UNE ORANGE. AUTREMENT DIT, TON CERVEAU EST ÉDUQUÉ AU GOÛT ACIDE DE L'ORANGE.
C'EST POUR ÇA QUE TU SENS QUE C'EST ACIDE, AVANT DE LA MANGER.
ÇA VEUT DIRE QUE JE RÉAGIS DE LA MÊME FAÇON QU'UN CHIEN...
MAINTENANT, JE VAIS EXAMINER TES RÉFLEXES.
ASSIEDS-TOI LÀ.
?!

JE FRAPPE JUSTE EN-DESSOUS DE TON GENOU.
TOC
OH ! MA JAMBE REMONTE TOUTE SEULE !
Rotule
Point de réflexe
QU'EST-CE QUE C'EST, CE RÉFLEXE ?
LE RÉFLEXE AUTOMATIQUE.
BINGO !
JE SUIS VRAIMENT INTELLIGENTE.
ON NE PEUT PAS CONTRÔLER LE RÉFLEXE AUTOMATIQUE. SI ON FRAPPE EN-DESSOUS DE TON GENOU, TA JAMBE SE SOULÈVERA, MÊME SI TU L'EN EMPÊCHES.
LES MOUVEMENTS NE SONT PAS CONTRÔLABLES, PARCE QUE LA MOELLE ÉPINIÈRE ET LES MUSCLES MOTEURS COORDONNENT CETTE RÉACTION SANS PASSER PAR LE CERVEAU ?
OUI, PAR CONTRE, ON PEUT CONTRÔLER LE RÉFLEXE DE PAVLOV.
COMMENT ?
QUAND TU DOIS TE FAIRE PIQUER, PAR EXEMPLE.
JE DÉTESTE LES PIQÛRES.

QUAND TU TE FAIS PIQUER LE BRAS PAR UN OBJET POINTU, TU CONTRACTES LE BRAS. PAR CONTRE, TU N'AS PAS CETTE RÉACTION QUAND TU TE FAIS FAIRE UNE PIQÛRE, PARCE QUE LE CERVEAU DONNE L'ORDRE AU BRAS DE NE PAS BOUGER.
PATIENTEZ UN PETIT PEU.
ÇA FAIT MAL !
PIC
ALLEZ, UN PEU DE COURAGE. JE DOIS EN PASSER PAR-LÀ POUR GUÉRIR.
PIC
QU'EST-CE QUE TU AS, MAX ?
J'AVAIS TROUVÉ 20 EUROS DANS LA RUE ET JE SUIS PARTI ACHETER UNE BD AVEC CET ARGENT. MAIS QUAND J'AI VOULU PAYER, JE NE L'AVAIS PLUS.
TU AS DÛ AVOIR HONTE DEVANT LE VENDEUR.
REMETS LA MAIN DANS TA POCHE.
AU SECOURS !
PFF ! TU AS EU PEUR ?
ÇA, C'EST UN RÉFLEXE DE PAVLOV.
GRRR
TOUT ÇA, C'ÉTAIT UN COUP MONTÉ ?
GRRR

LE CERVEAU

BEN... JE N'AI RIEN À DIRE.
VOUS VOUS ÊTES MOQUÉS DE MOI !
TU AURAIS DÛ PENSER À RENDRE CET ARGENT À SON PROPRIÉTAIRE.
ÉVIDEMMENT, COMME TU N'AS PENSÉ QU'À ACHETER UNE BD AVEC CET ARGENT...
TU AS MARCHÉ.
HA HA HA
HÉ HÉ HÉ
QUANT À MOI, MÊME SI J'AVAIS TROUVÉ DE L'ARGENT DANS LA RUE, J'AURAIS ESSAYÉ DE LE RENDRE.
MOI AUSSI, IL M'EST DÉJÀ ARRIVÉ DE RENDRE UNE CANNE PERDUE À SON PROPRIÉTAIRE.
HUM... QUAND TU TROUVES UN OS, TU N'HÉSITES UNE SECONDE AVANT DE LE MANGER.
EUH, JE NE M'EN SOUVIENS PLUS !
LE FAIT DE VOULOIR RETROUVER LE PROPRIÉTAIRE D'UN OBJET PERDU VIENT-IL AUSSI DU CERVEAU ?
EN EFFET, ÇA VIENT BIEN DU CERVEAU.

STRUCTURE DU CERVEAU

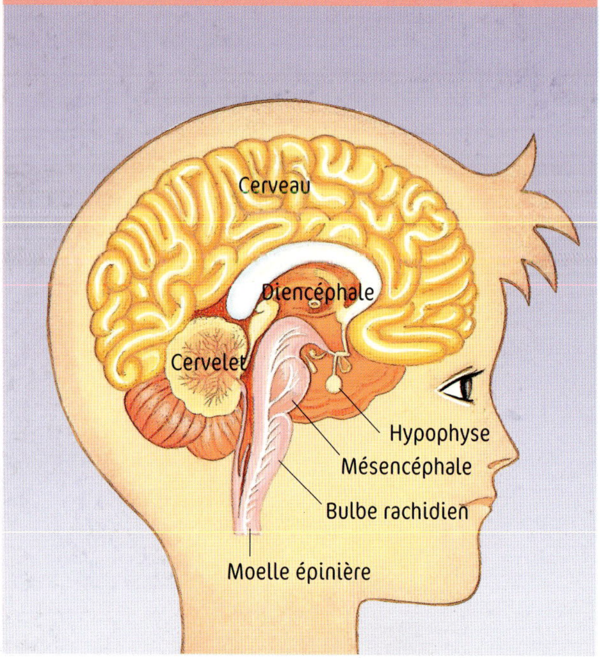

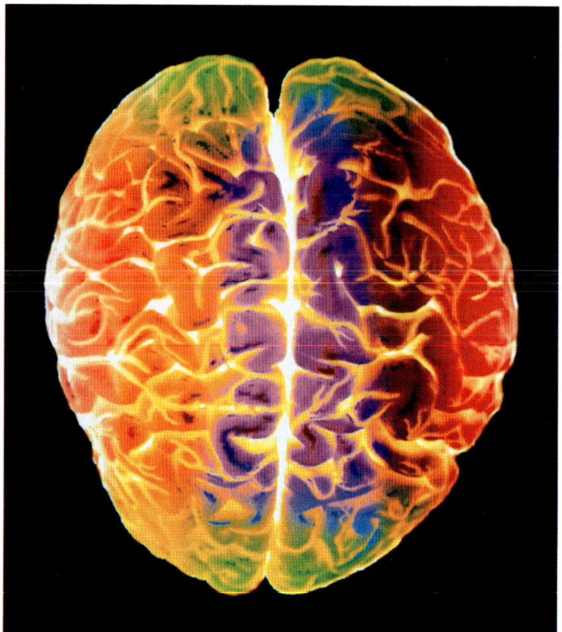

Cerveau vu du haut
(colorié pour une meilleure compréhension.)

PARCE QUE JE DESSINE BIEN ET QUE JE CHANTE BIEN.
AH BON ? ALORS CHANTE-NOUS UNE CHANSON.
JE ME DEMANDE SI SON CERVEAU DROIT EST SI DÉVELOPPÉ.
ÉCOUTEZ BIEN. C'EST L'UNE DE MES COMPOSITIONS.
JE NE M'ATTENDS PAS À GRAND-CHOSE.
PETITE ROSE, COMME TU ES BELLE !
NE T'EMBÊTE PAS À ÉCOUTER ÇA ET DIS-MOI CE QUE FAIT LE CERVELET.
D'ACCORD. LE CERVELET GÈRE LES MOUVEMENTS ET L'ÉQUILIBRE DU CORPS.
QUANT AU DIENCÉPHALE, IL RÉGULE LA TEMPÉRATURE, LA TENSION ARTÉRIELLE, LE SUCRE DANS LE SANG ET LE SOMMEIL.
LE BULBE RACHIDIEN CONTRÔLE LA DIGESTION, LA CIRCULATION, LA RESPIRATION ET LE RÉFLEXE.
Cerveau
Mésencéphale
Cervelet
Bulbe rachidien
LE BULBE RACHIDIEN EST RELIÉ À LA MOELLE ÉPINIÈRE QUI SE TROUVE DANS LA COLONNE VERTÉBRALE.
Moelle épinière
Colonne vertébrale

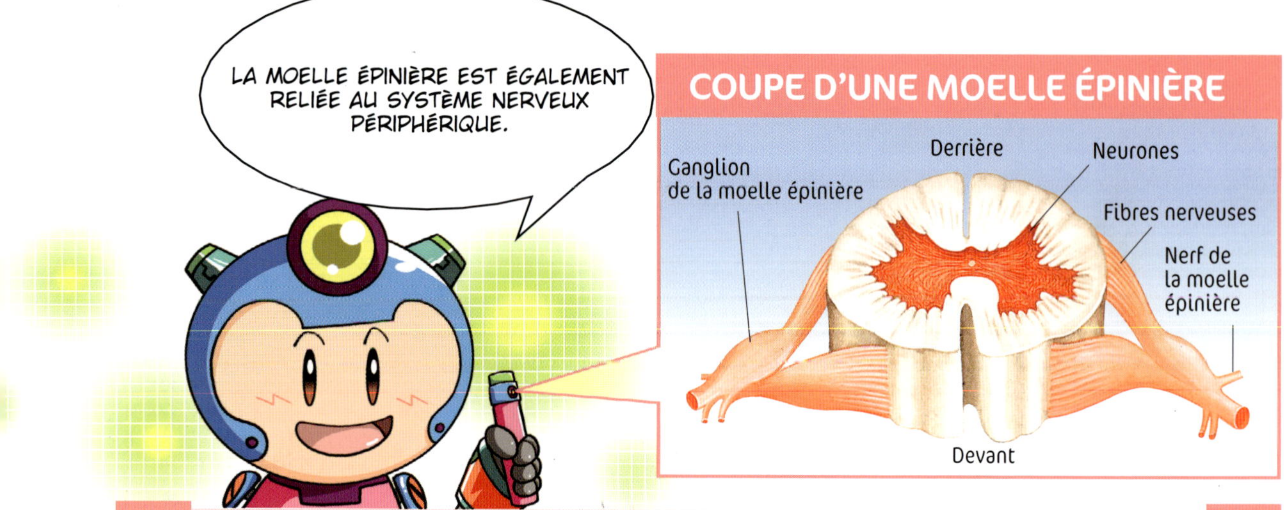

QU'EST-CE QUE LE SYSTÈME NERVEUX PÉRIPHÉRIQUE ?

Notre système nerveux se divise en deux : le système nerveux central (cerveau et moelle épinière) et le système nerveux périphérique qui y est rattaché. Le système nerveux périphérique comprend le système nerveux somatique et le système nerveux autonome. Le système nerveux somatique permet de bouger notre corps en interaction avec les nerfs sensoriels et les nerfs moteurs. En revanche, le système nerveux autonome est sous le contrôle du diencéphale, du bulbe rachidien et de la moelle épinière, il est présent dans le cœur et les organes de digestion et ne fait pas bouger notre corps. Le système nerveux autonome comprend deux sous-systèmes qui sont le système orthosympathique et le système parasympathique. Ces deux systèmes ont des fonctions contraires : si l'un stimule les fonctions d'un organe, l'autre empêche cette stimulation.

TU VAS VOIR. JE VAIS ME VENGER.
BOF, TU AURAS TOUT OUBLIÉ DANS UNE MINUTE !
ELLE SE MOQUE DE MOI ! ELLE VA VOIR.
DIS-MOI, MAX. TU TE SOUVIENS À QUOI TU PENSAIS IL Y A UNE MINUTE ?
IL Y A UNE MINUTE ? JE NE SAIS PAS. À UN PLAT DE COQUILLETTES ?
OU À UN PLAT CHINOIS ?
J'EN ÉTAIS SÛRE !
VOUS SAVEZ COMBIEN PÈSE UN CERVEAU ?
LE POIDS D'UN CERVEAU EST DE 400 G CHEZ UN NOUVEAU-NÉ. CHEZ LES ADULTES, CELUI D'UN HOMME PÈSE 1 400 G ET CELUI D'UNE FEMME PÈSE 1 250 G. LE CERVEAU ATTEINT 90 % DE SA TAILLE MAXIMUM À 5 ANS ET SA CROISSANCE S'ACHÈVE À 10 ANS.
LE CERVEAU EST CONSTITUÉ DE MILLIERS DE CELLULES ET IL N'ARRÊTE PAS DE TRAVAILLER.
MÊME QUAND ON DORT ?
OUI, C'EST POUR ÇA QU'ON RÊVE.
AH BON ?
ALLEZ !
ALLEZ !

ALORS, SI ON SE RETOURNE EN DORMANT, C'EST AUSSI POUR ÇA ?
SI ON SE LÈVE POUR ALLER AUX TOILETTES EN PLEINE NUIT AUSSI ?
EN EFFET. MAIS LA GRANDE DIFFÉRENCE ENTRE LES CELLULES DU CERVEAU ET LES AUTRES EST QUE...
CELLES DU CERVEAU NE PEUVENT PAS SE RÉGÉNÉRER.
ALORS QUE C'EST LE CAS DES AUTRES CELLULES.
AH BON ? ALORS SI LES CELLULES DU CERVEAU SONT BLESSÉES ?
ELLES MEURENT ET ELLES NE SE RÉGÉNÈRENT PAS.
NON !
TOUS LES HOMMES NAISSENT AVEC 14 MILLIARDS DE CELLULES DANS LE CERVEAU. LE NOMBRE DE CELLULES DU CERVEAU NE FAIT QUE DIMINUER AVEC LE TEMPS.
C'EST POUR ÇA QU'ON PERD LA MÉMOIRE AVEC L'ÂGE.
JE ME DISAIS BIEN QUE C'ÉTAIT BIZARRE.
QUOI ?
ON M'A DIT QUE J'ÉTAIS UN GÉNIE, JUSQU'À L'ÂGE DE 5 ANS.
TU RIGOLES ? JE N'AI JAMAIS ENTENDU PARLER DE ÇA !

JE SUIS SÉRIEUX. DEPUIS QUE J'AI PLUS DE 5 ANS, ON ME DIT PARFOIS QUE JE SUIS BÊTE.
CE N'EST PAS PARCE QUE LES CELLULES DE TON CERVEAU MEURENT.
C'EST PARCE QUE TU FAIS TROP PEU FONCTIONNER TA TÊTE.
EN EFFET, C'EST UNE POSSIBILITÉ. JUSTEMENT JE NE LIS PAS BEAUCOUP…
PLUS TU UTILISES TON CERVEAU, PLUS IL SE DÉVELOPPE. A CONTRARIO, MOINS TU L'UTILISES, MOINS IL SE DÉVELOPPE.
D'ACCORD. JE VAIS ESSAYER DE L'UTILISER UN PEU PLUS.
PAR AILLEURS, POUR MAINTENIR LES CELLULES DU CERVEAU EN BONNE SANTÉ…
IL FAUT LEUR FOURNIR DES NUTRIMENTS ET DE L'OXYGÈNE EN CONTINU. IL SUFFIT QU'ON ARRÊTE DE RESPIRER POUR QUE LES CELLULES DU CERVEAU COMMENCENT À MOURIR.
ZUT. IL FAUT ARRÊTER DE JOUER À CELUI QUI RESTERA LE PLUS LONGTEMPS SOUS L'EAU SANS RESPIRER.
IL Y A AUSSI LE SANG QUI TRANSPORTE DE L'OXYGÈNE AU CERVEAU.
COMMENT LE SANG PEUT-IL ACCÉDER AU CERVEAU ?
LE CŒUR S'EN CHARGE. IL LUI ENVOIE DU SANG EN PERMANENCE PAR LES VAISSEAUX.
MERCI.
C'EST NORMAL.
Cerveau
Cœur

RELATION ENTRE LE CERVEAU ET LES NERFS

SI LES ORGANES SENSORIELS COMME LES YEUX OU LA PEAU SONT STIMULÉS, CETTE INFORMATION ARRIVE À LA MOELLE ÉPINIÈRE ET AU CERVEAU. ENSUITE LES ORDRES DU CERVEAU ET DE LA MOELLE ÉPINIÈRE SONT TRANSMIS AUX MUSCLES PAR LES NERFS MOTEURS. LES CELLULES MUSCULAIRES SE CONTRACTENT ET SE DÉCONTRACTENT, CE QUI NOUS FAIT FAIRE DES MOUVEMENTS.

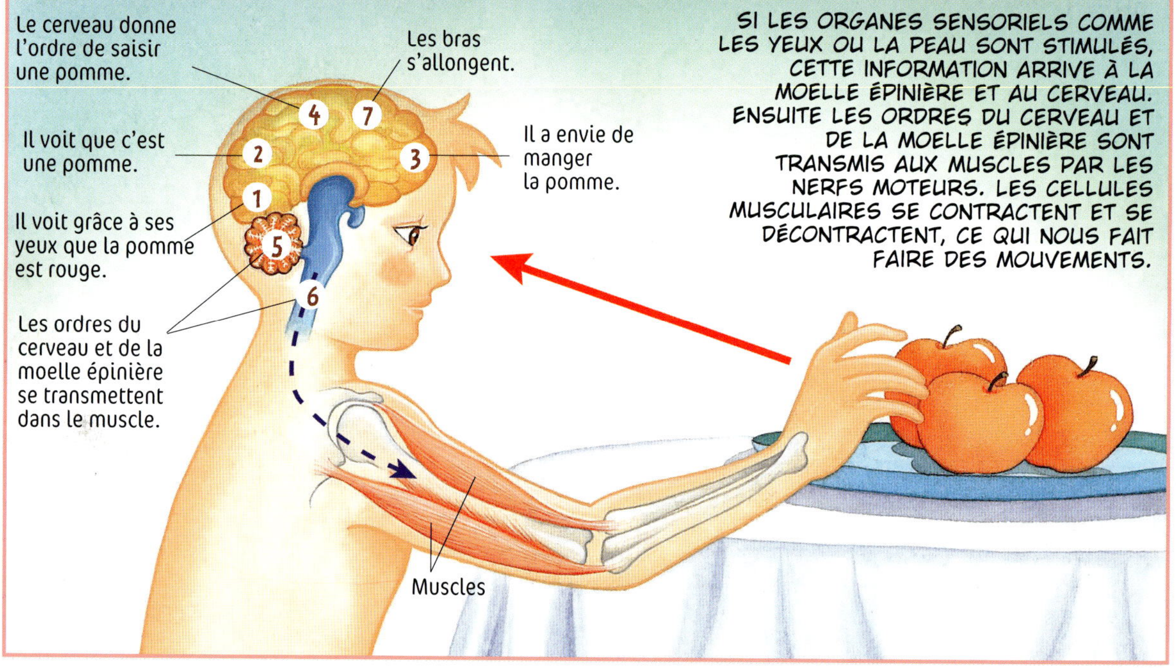

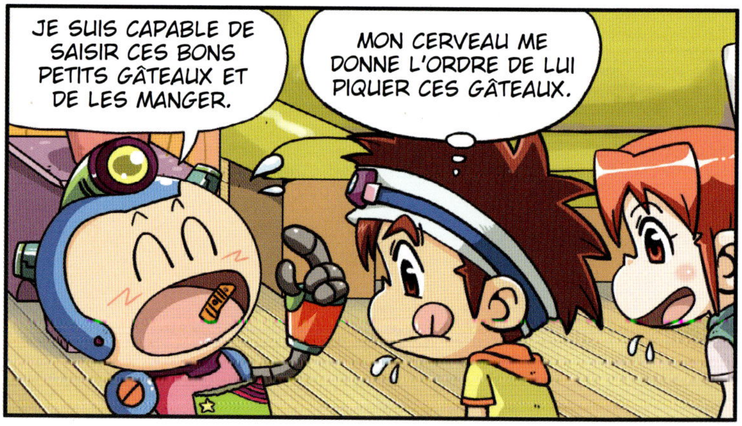

MON CERVEAU ET MES NERFS M'ONT DONNÉ L'ORDRE DE TE LES PRENDRE. DONNE-MOI ÇA.
C'EST À MOI.
NON ! DOGGY, ATTRAPE !
HOP !
MON CERVEAU ME DIT QUE CE SACHET DE GÂTEAUX RISQUE DE PROVOQUER DES CONFLITS.
SCRUNCH
SCRUNCH
MINCE, IL EST EN TRAIN DE TOUT MANGER !
LA CHANCE SOURIT PARFOIS À UNE PERSONNE COMPLÈTEMENT INATTENDUE.
IL EST MALIN.
DOGGY DOIT AVOIR LE CERVEAU GAUCHE BIEN DÉVELOPPÉ.
PFFF. LE CERVEAU DROIT NE FONCTIONNE PAS MAL NON PLUS.
HEIN ? ET LE NÔTRE ALORS ?

LA LYMPHE

QU'EST-CE QU'UN GANGLION LYMPHATIQUE ?

Comme les vaisseaux sanguins, un autre réseau est répandu dans tout ton corps. Ce sont les vaisseaux lymphatiques. Dans ces vaisseaux, on trouve des tissus en forme de haricot, et c'est ce qu'on appelle les ganglions lymphatiques. Ils s'occupent de filtrer les bactéries qui sont dans la lymphe.

RÉSEAU LYMPHATIQUE DU CORPS

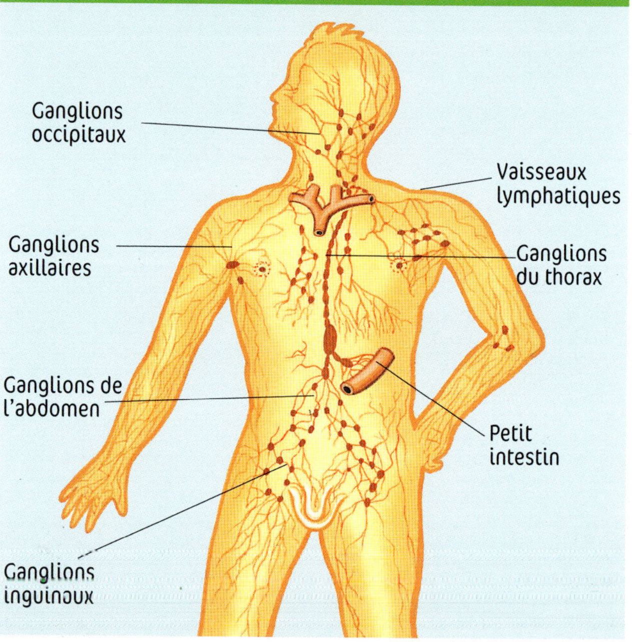

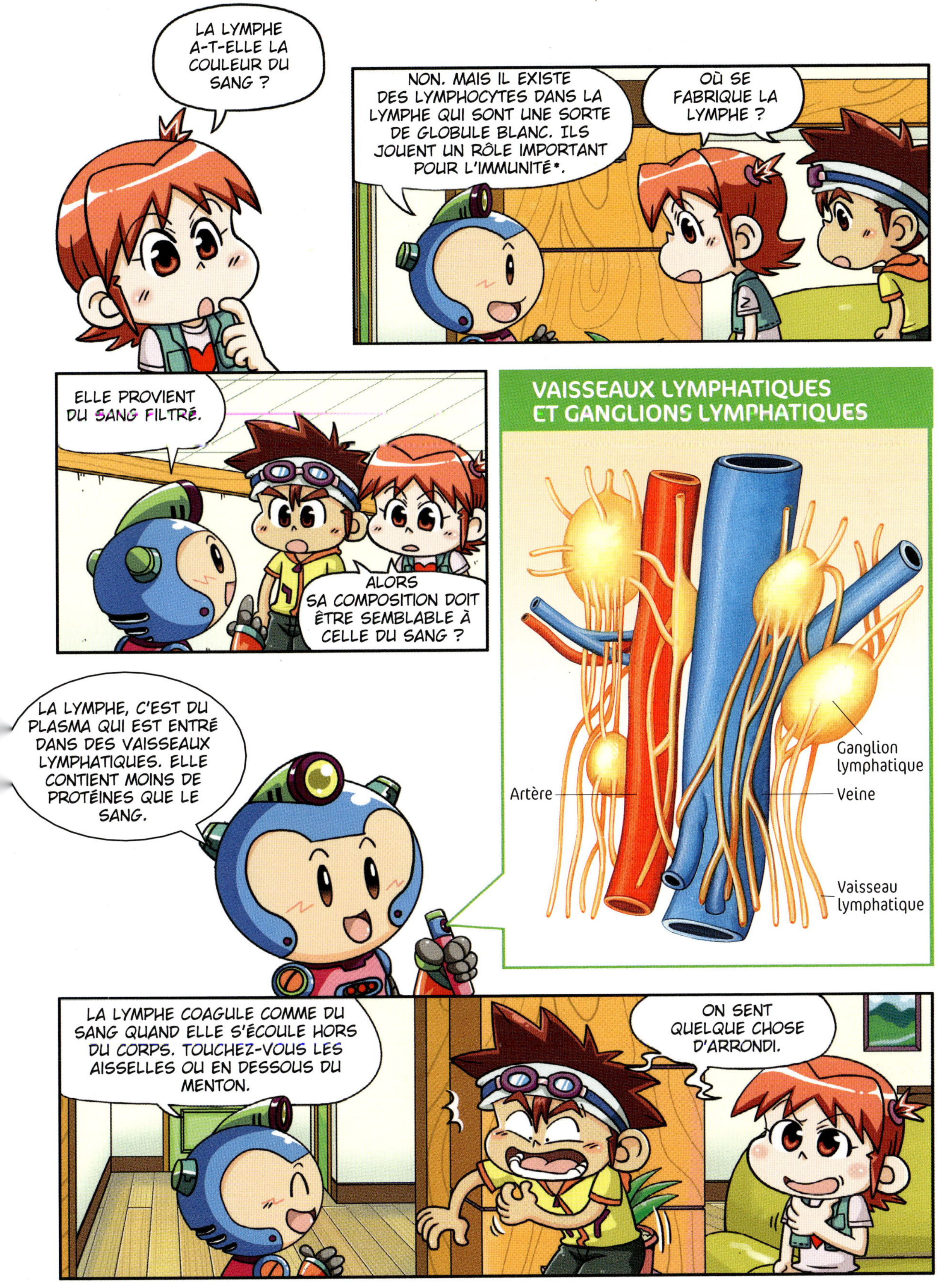

* L'IMMUNITÉ EST UN MÉCANISME DE DÉFENSE DU CORPS POUR LUTTER CONTRE LES ATTAQUES EXTÉRIEURES, LES MICROBES.

COUPE D'UN GANGLION LYMPHATIQUE

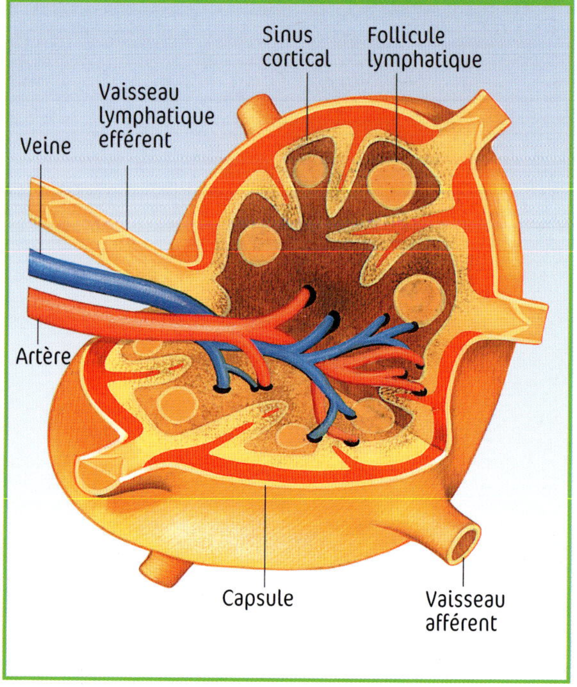

C'EST AINSI QU'ILS SE DÉBARRASSENT DES MICROBES.
CE QUI PERMET DE NE PAS ÊTRE ATTEINT DE LA MÊME MALADIE PLUSIEURS FOIS.
AH, C'EST POUR ÇA QUE LA LYMPHE JOUE UN RÔLE IMPORTANT POUR L'IMMUNITÉ ?
OUI, EN PLUS IL S'AGIT DE L'IMMUNITÉ PERMANENTE.
LYMPHOCYTES
JE MÉPRISAIS LES LYMPHOCYTES, MAIS ILS SONT TRÈS IMPORTANTS EN FAIT.
Intérieur d'un lymphocyte vu au microscope électronique.
BIEN SÛR.
VOTRE ATTENTION, S'IL VOUS PLAÎT.
?
?
NE MÉPRISEZ PAS LES LYMPHOCYTES.
OH LÀ LÀ ! LE PAUVRE PETIT. IL N'A PAS L'AIR BIEN.

LES HORMONES

FORME ET LOCALISATION DE L'HYPOPHYSE.

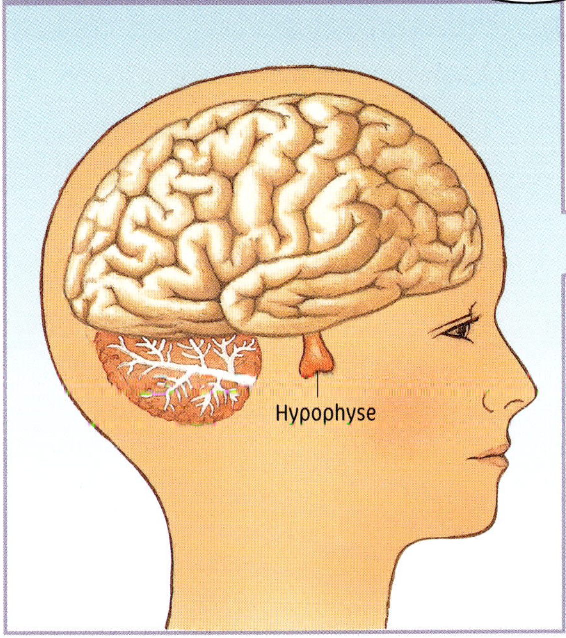

STRUCTURE DE L'HYPOPHYSE ET HORMONES QU'ELLE PRODUIT.

Lobe antérieur

En dehors de l'hormone de croissance, il sécrète des hormones qui agissent sur la thyroïde, les ovaires et les testicules. Si on sécrète trop d'hormones de croissance quand on est enfant, on peut être atteint de gigantisme. Cette hormone sécrétée en trop grande quantité quand on est adulte, peut entraîner une maladie qui épaissit les extrémités du corps.

Lobe postérieur

Il sécrète de l'ocytocine qui agit sur l'utérus au moment de l'accouchement. Il produit également une autre hormone qui agit au niveau des tubules rénaux en régulant le taux de sel dans l'urine.

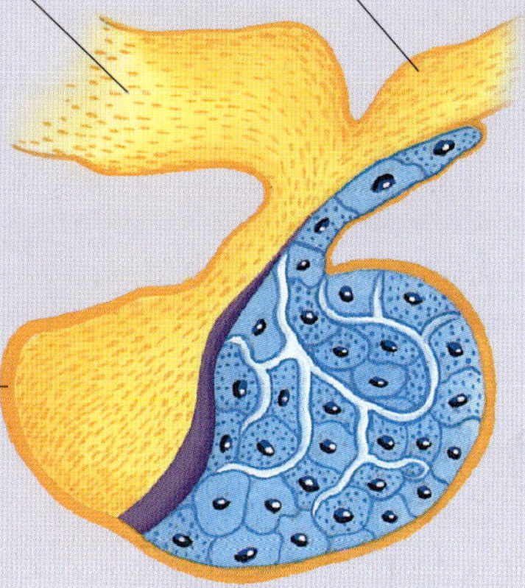

Lobe intermédiaire

Il sécrète de l'hormone qui stimule la production de mélanine, facteur déterminant de la couleur de la peau.

LES AUTRES ORGANES QUI SÉCRÈTENT DES HORMONES

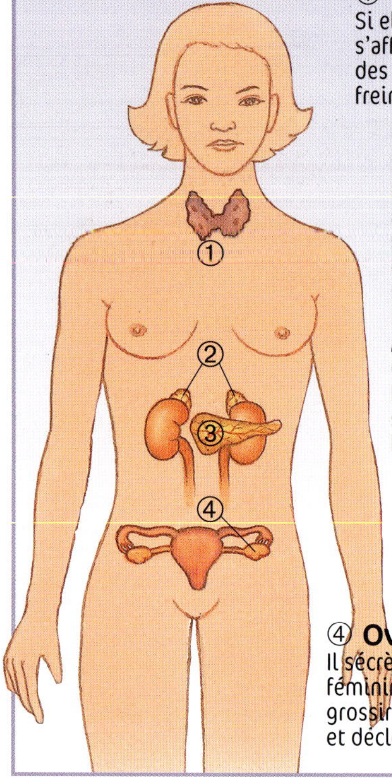

① Thyroïde

Si elle ne sécrète pas suffisamment d'hormones, le corps s'affaiblit ; les muscles perdent de leur force et la fréquence des battements de cœur se réduit. Chez un enfant, cela peut freiner la croissance ou ralentir son développement cérébral.

② Surrénales

Hormone corticoïde

Hormone sécrétée par les glandes surrénales, elle agit sur la transformation des protéines et des sucres dans le foie et sur le développement des caractères sexuels. Elle réagit à différentes stimulations et a un rôle dans les défenses immunitaires. Elle diminue l'inflammation.

Adrénaline

Quand on sécrète de l'adrénaline, la respiration, la tension artérielle et le métabolisme s'accélèrent et la force augmente, mais la fonction de digestion diminue.

③ Pancréas

Les îlots de Langerhans sécrètent de l'insuline et du glucagon, qui permettent de réguler le taux de glucose dans le sang.

④ Ovaire

Il sécrète l'hormone sexuelle féminine. Cette hormone fait grossir les fesses et les seins et déclenche la menstruation.

⑤ Testicule

Il produit l'hormone sexuelle masculine. Cette hormone fait pousser la barbe, renforce les muscles et donne une voix grave.

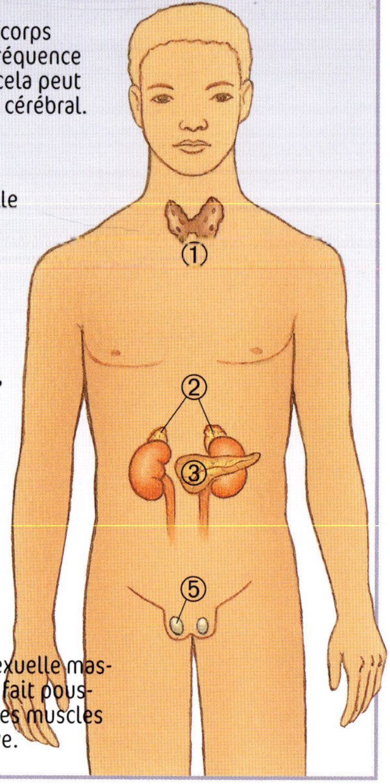

LES ORGANES SEXUELS

DIS-MOI, DR SAITOUT. COMMENT ÇA NAÎT, UN ENFANT ?
PAR UN PROCESSUS BIEN MYSTÉRIEUX.
UN HOMME ET UNE FEMME S'AIMENT.
ILS SE MARIENT ET FORMENT UN COUPLE.
LE RÉSULTAT DE LEUR AMOUR SE PRODUIT LORSQU'UN SPERMATOZOÏDE SORTI DU CORPS DE L'HOMME RENCONTRE UN OVULE DE LA FEMME.
JE SUIS UN JOLI OVULE.
JE SUIS UN SPERMATOZOÏDE.
L'HOMME PRODUIT ENVIRON 80 MILLIONS DE SPERMA-TOZOÏDES À LA FOIS.
Spermatozoïde
LA FEMME PRODUIT UN SEUL OVULE PAR MOIS.
Ovule
DES CENTAINES DE MILLIERS DE SPERMATOZOÏDES FONT LA COURSE POUR ATTEINDRE L'OVULE.
JE SERAI LE PREMIER À TOUCHER L'OVULE !
SEUL LE SPERMATOZOÏDE QUI A SURVÉCU DANS CETTE COMPÉTITION PEUT ATTEINDRE L'OVULE.
IL DOIT ÊTRE RAPIDE ET FORT.
ÇA VEUT DIRE QUE LA MOITIÉ DE MOI-MÊME EST CONSTITUÉE PAR UN PUISSANT SPERMATOZOÏDE QUI A VAINCU TOUS SES RIVAUX.
C'EST UNE FAÇON DE VOIR LES CHOSES !

IMPLANTATION DE L'OVULE FÉCONDÉ

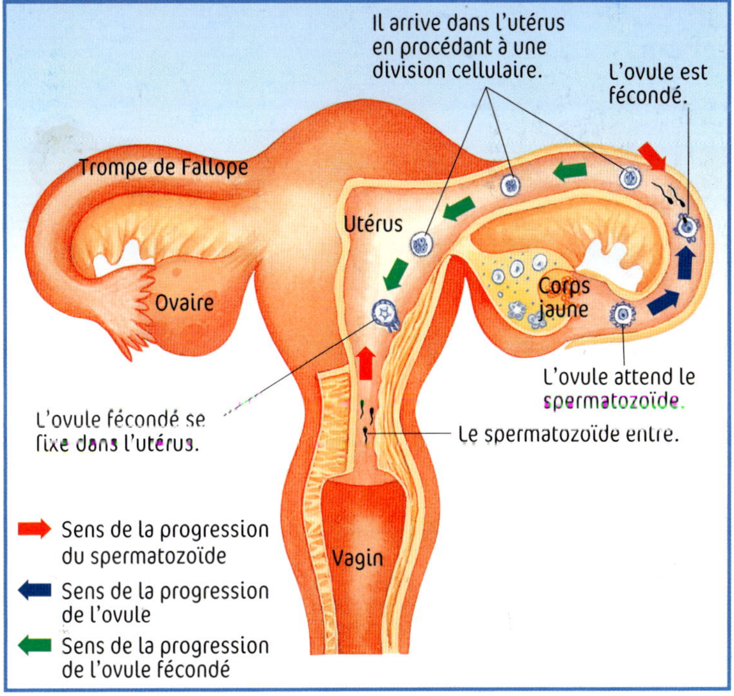

DIVISION DE LA CELLULE-ŒUF

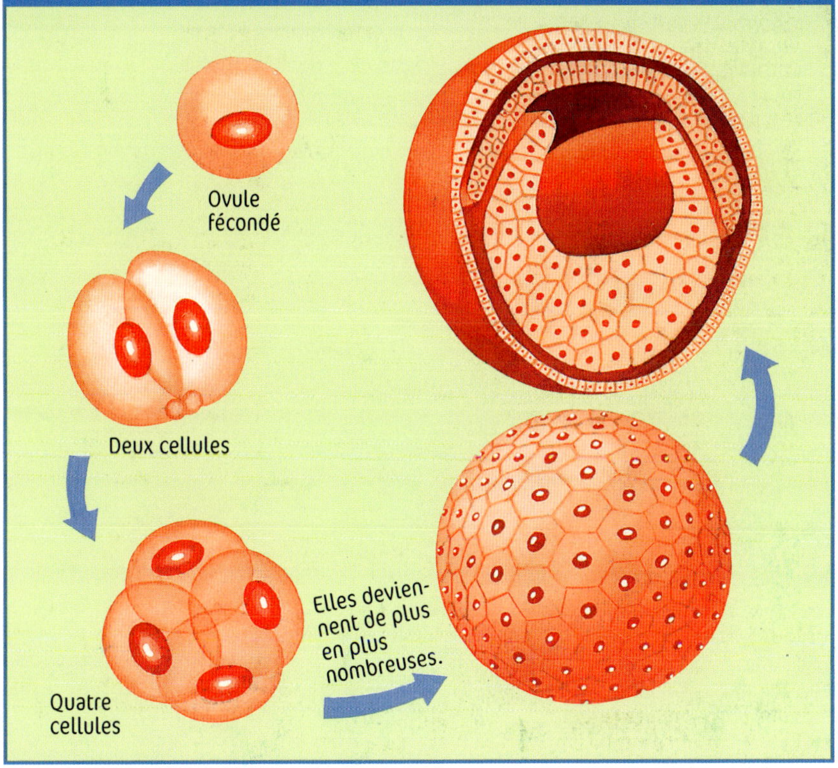

CROISSANCE D'UN FŒTUS

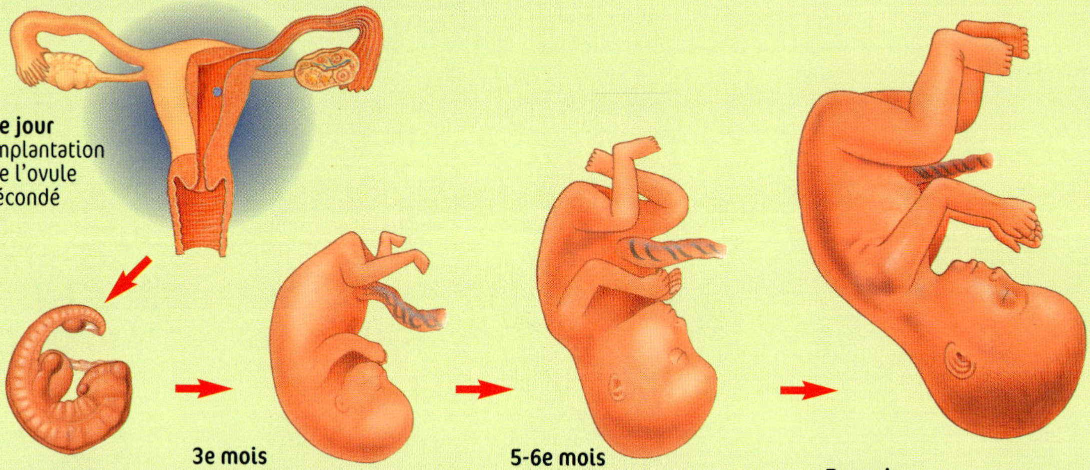

7e jour
Implantation de l'ovule fécondé

5e semaine
Il a une queue et ne ressemble pas à un homme.

3e mois
Il a des organes internes et on distingue la tête et le reste du corps. Il a également des mains et des pieds. On peut distinguer le sexe.

5-6e mois
Les muscles et les os se développent. Le fœtus bouge ses mains et ses pieds. Il peut entendre des bruits extérieurs.

7e mois
Il pèse un kilo et son cœur bat plus vite quand sa mère lui parle.

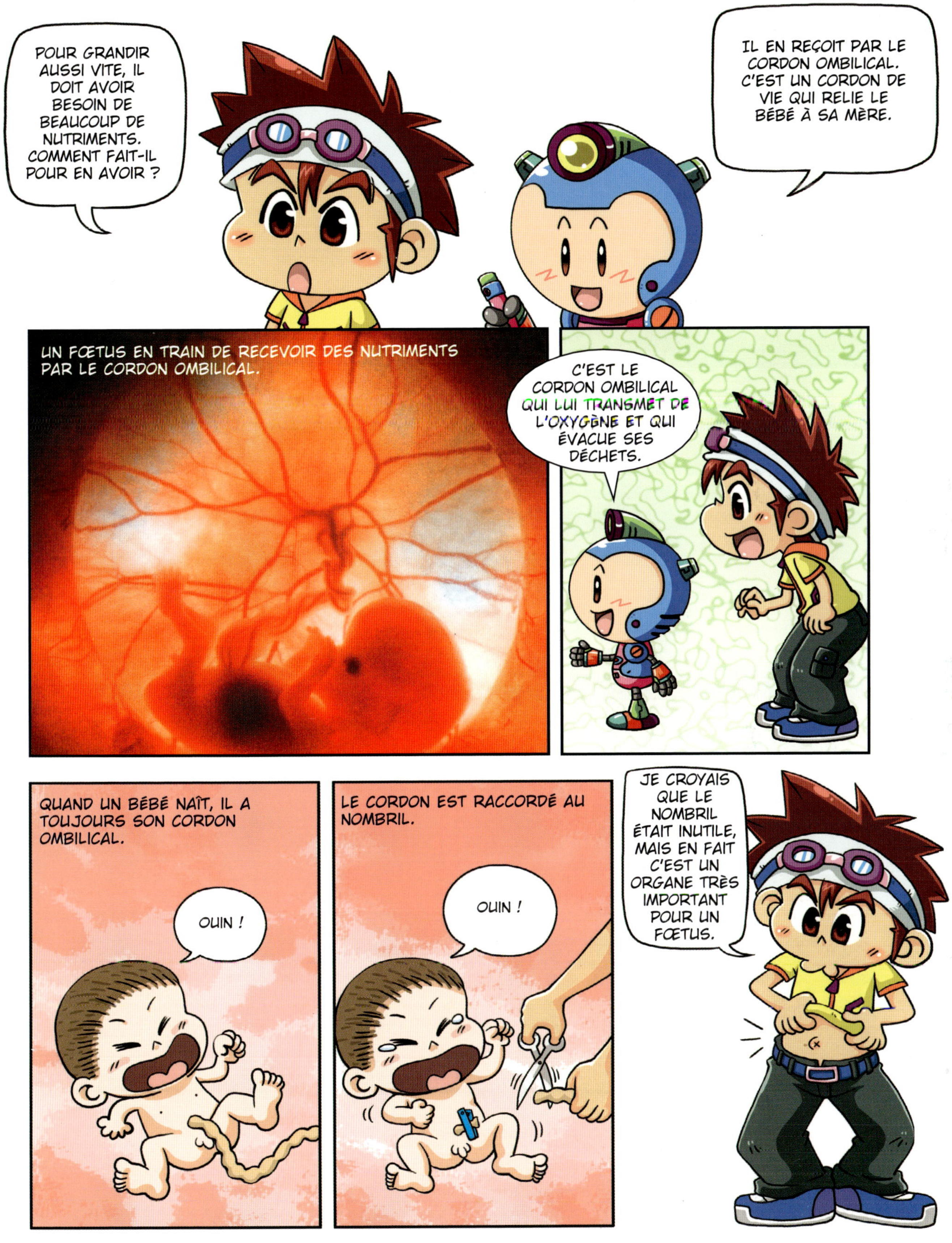

POUR GRANDIR AUSSI VITE, IL DOIT AVOIR BESOIN DE BEAUCOUP DE NUTRIMENTS. COMMENT FAIT-IL POUR EN AVOIR ?
IL EN REÇOIT PAR LE CORDON OMBILICAL. C'EST UN CORDON DE VIE QUI RELIE LE BÉBÉ À SA MÈRE.
UN FŒTUS EN TRAIN DE RECEVOIR DES NUTRIMENTS PAR LE CORDON OMBILICAL.
C'EST LE CORDON OMBILICAL QUI LUI TRANSMET DE L'OXYGÈNE ET QUI ÉVACUE SES DÉCHETS.
QUAND UN BÉBÉ NAÎT, IL A TOUJOURS SON CORDON OMBILICAL.
OUIN !
LE CORDON EST RACCORDÉ AU NOMBRIL.
OUIN !
JE CROYAIS QUE LE NOMBRIL ÉTAIT INUTILE, MAIS EN FAIT C'EST UN ORGANE TRÈS IMPORTANT POUR UN FŒTUS.

VRAIS JUMEAUX

L'OVULE FÉCONDÉ SE DIVISE EN DEUX AU DÉBUT DE LA DIVISION CELLULAIRE ET CHAQUE CELLULE SUIT LA DIVISION DE LA CELLULE-ŒUF.

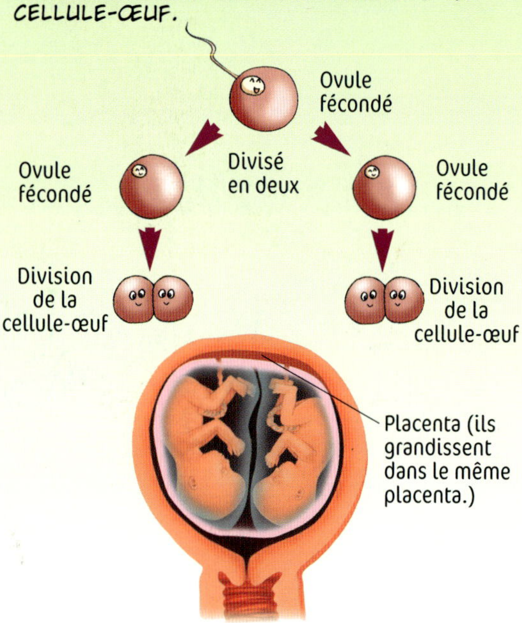

FAUX JUMEAUX

DÈS LE DÉBUT, DEUX OVULES RENCONTRENT DEUX SPERMATOZOÏDES ET CHAQUE OVULE FÉCONDÉ EST DIVISÉ EN CELLULE-ŒUF.

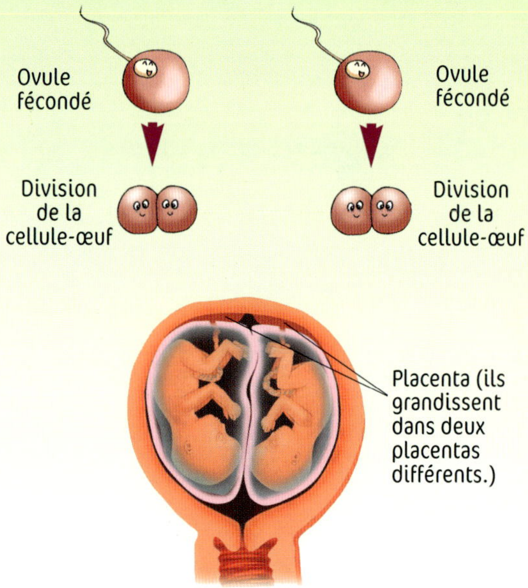

* DANS LE CAS DES VRAIS JUMEAUX, IL N'Y A EN GÉNÉRAL QU'UN SEUL PLACENTA, MAIS SI L'ŒUF FÉCONDÉ SE DIVISE RAPIDEMENT, IL PEUT Y AVOIR DEUX PLACENTAS.

MAIS POURQUOI JE SUIS NÉ GARÇON ?
ET MOI FILLE ?
CERTAINS SPERMATOZOÏDES PRODUITS CHEZ LES HOMMES ONT LE CHROMOSOME X.
ET D'AUTRES ONT LE CHROMOSOME Y.
MAIS TOUS LES OVULES DE LA FEMME N'ONT QUE LE CHROMOSOME X.
SI UN SPERMATOZOÏDE AYANT LE CHROMOSOME X FÉCONDE L'OVULE, ÇA DEVIENT UNE FILLE.
ON A LE MÊME CHROMOSOME.
EN EFFET ! HA ! HA !
JE SUIS DONC NÉE DE LA RENCONTRE ENTRE UN OVULE ET UN SPERMATOZOÏDE DU CHROMOSOME X.
PAR CONTRE, SI LE CHROMOSOME DU SPERMATOZOÏDE EST UN Y, C'EST UN GARÇON QUI VA NAÎTRE.
TIENS, C'EST UN CHROMOSOME DIFFÉRENT...
IL FAUT AUSSI DES GARÇONS DANS CE MONDE.
HEY, C'EST COMME ÇA QUE JE SUIS NÉ.

LE DÉVELOPPEMENT DU CORPS

VERS L'ÂGE DE 8 ANS, LE SYSTÈME NERVEUX, COMME LE CERVEAU ET LA MOELLE ÉPINIÈRE, ET LES ORGANES DES SENS, COMME LES YEUX, LE NEZ ET LES OREILLES, SONT AUSSI DÉVELOPPÉS QUE CHEZ LES ADULTES. C'EST PARCE QUE LE SYSTÈME NERVEUX ET LES ORGANES DES SENS SE DÉVELOPPENT PLUS RAPIDEMENT QUE DANS LES AUTRES ORGANES.
MON SYSTÈME NERVEUX ET MES ORGANES DES SENS SONT COMME LES TIENS.
MAIS TU ES TOUJOURS UNE ENFANT.
JE SUIS JOLIE, N'EST CE PAS ?
À CET ÂGE-LÀ, LES YEUX ET LA TÊTE SONT PARTICULIÈREMENT GRANDS.
MOI AUSSI, J'AVAIS DE GRANDS ET BEAUX YEUX À L'ÉPOQUE.
JE N'EN AI AUCUN SOUVENIR.
ENTRE 8 ET 10 ANS, L'ENFANT DEVIENT PLUS DOUÉ.
IL EST DE PLUS EN PLUS HABILE ET SAIT UTILISER DES CISEAUX, PAR EXEMPLE.
VERS 12 ANS, LA PARTIE DU CERVEAU QUI PERMET D'APPRENDRE SERAIT PRESQUE AUSSI DÉVELOPPÉE QUE CHEZ L'ADULTE.
SI JE COMPRENDS BIEN, JE SUIS PLUS INTELLIGENT QUE LÉA ?
J'EN DOUTE !

POURQUOI LA VOIX MUE-T-ELLE ?

La voix change chez les hommes et les femmes, parce que la testostérone, une hormone sexuelle, stimule le larynx qui devient plus épais et plus long. Mais le changement de voix chez la femme est moins flagrant, parce que le larynx se développe moins. Par ailleurs, les hommes ont une pomme d'Adam. Cela est dû au développement du larynx en avant et en arrière.

JE CROIS QUE TU VAS MUER.
PFFF. TU VEUX QUE JE TE CHANTE UNE CHANSON AVEC MA BELLE VOIX ?
ALOUETTE, GENTILLE ALOUETTE !
OH LÀ LÀ ! C'EST HORRIBLE !
ALOUETTE, JE TE...
HOP !
STOP !
QU'EST-CE QU'IL Y A ?
LA CORDE VOCALE SE TRANSFORME ET ELLE NE PEUT DONC PAS FONCTIONNER CORRECTEMENT.
MIEUX VAUT NE PAS TROP LA SOLLICITER.
MINCE !
TANT MIEUX.
OUH LÀ, IL CHANTE TELLEMENT FAUX QUE J'AI FAILLI M'ÉVANOUIR !
TAP
TAP
EST-CE QUE L'HORMONE SEXUELLE INFLUE SUR AUTRE CHOSE QUE LA VOIX ?
BIEN SÛR. L'HORMONE SEXUELLE TRANSFORME UN GARÇON EN HOMME ET UNE FILLE EN FEMME.

SECONDE PÉRIODE DE CROISSANCE (FEMME)

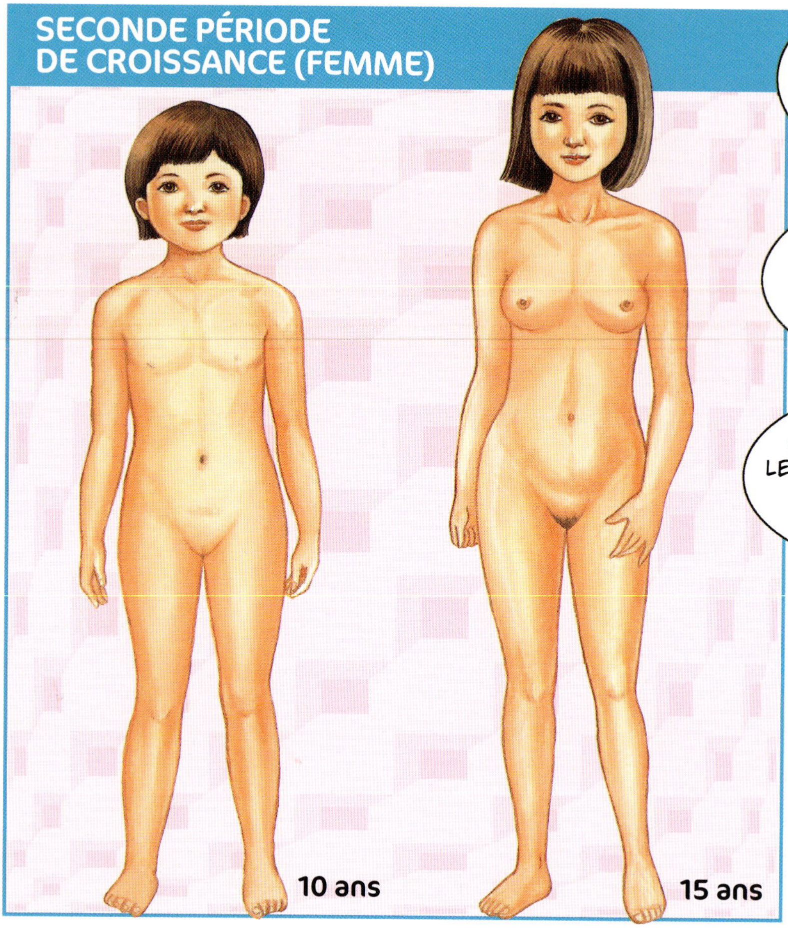

ORGANES GÉNITAUX FÉMININS

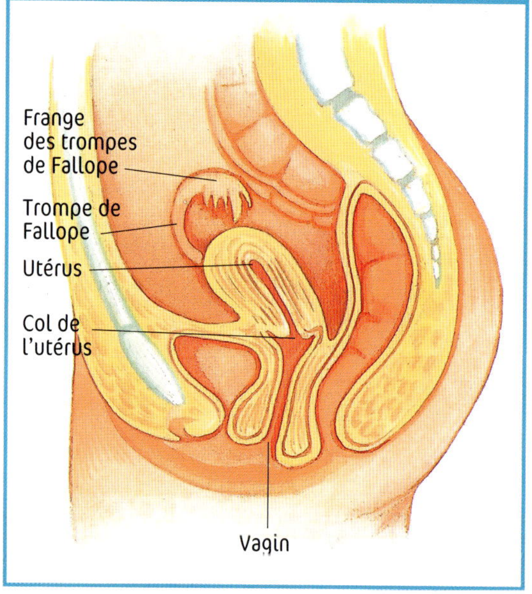

SECONDE PÉRIODE DE CROISSANCE (HOMME)

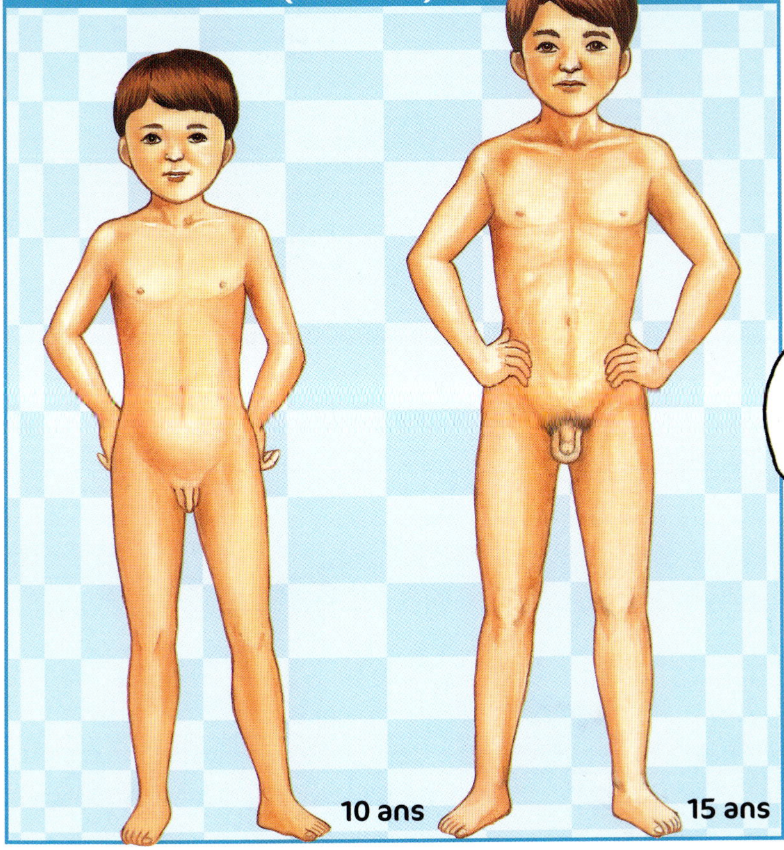

ORGANES GÉNITAUX MASCULINS

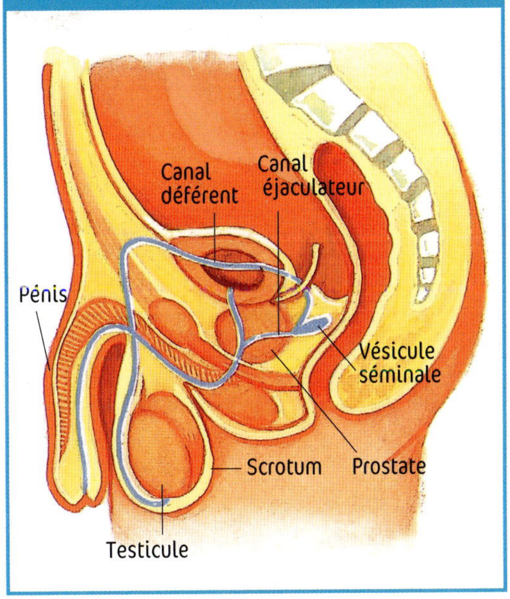

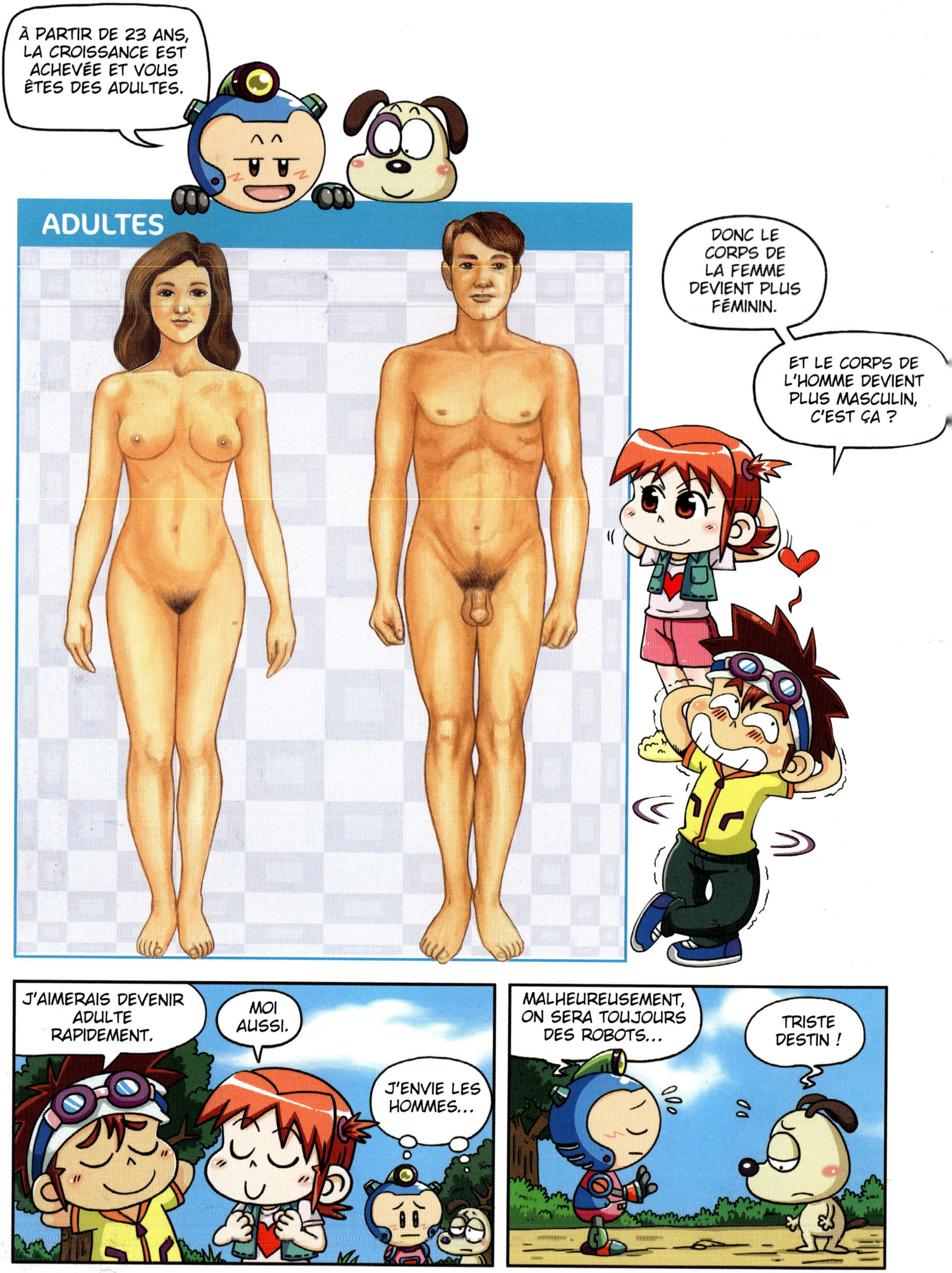
À PARTIR DE 23 ANS, LA CROISSANCE EST ACHEVÉE ET VOUS ÊTES DES ADULTES.
ADULTES
DONC LE CORPS DE LA FEMME DEVIENT PLUS FÉMININ.
ET LE CORPS DE L'HOMME DEVIENT PLUS MASCULIN, C'EST ÇA ?
J'AIMERAIS DEVENIR ADULTE RAPIDEMENT.
MOI AUSSI.
J'ENVIE LES HOMMES...
MALHEUREUSEMENT, ON SERA TOUJOURS DES ROBOTS...
TRISTE DESTIN !

LE CYCLE DE VIE DE L'HOMME
Petite enfance
Enfance
Adolescence
Jeune adulte
Adulte
Troisième âge

LES HOMMES GRANDISSENT EN CONTINU JUSQU'À L'ÂGE DE 20 ANS.
APRÈS 50 ANS, ILS COMMENCENT À SE TASSER.
ON COMMENCERA À DEVENIR DES PAPIS ET MAMIES ALORS.
HEY, ON A FINI NOTRE DEVOIR !
YOUPI !
MERCI BEAUCOUP, DR SAITOUT.
MERCI, DOGGY !
SMACK
OUPS
HÉ, HÉ !